Leila Youcef
Samia Achour

Elimination de polluants des eaux (Fluor, cadmium et phosphates)

Leila Youcef
Samia Achour

Elimination de polluants des eaux (Fluor, cadmium et phosphates)

Application des procédés de précipitation chimique et d'adsorption

Presses Académiques Francophones

Impressum / Mentions légales
Bibliografische Information der Deutschen Nationalbibliothek: Die Deutsche Nationalbibliothek verzeichnet diese Publikation in der Deutschen Nationalbibliografie; detaillierte bibliografische Daten sind im Internet über http://dnb.d-nb.de abrufbar.
Alle in diesem Buch genannten Marken und Produktnamen unterliegen warenzeichen-, marken- oder patentrechtlichem Schutz bzw. sind Warenzeichen oder eingetragene Warenzeichen der jeweiligen Inhaber. Die Wiedergabe von Marken, Produktnamen, Gebrauchsnamen, Handelsnamen, Warenbezeichnungen u.s.w. in diesem Werk berechtigt auch ohne besondere Kennzeichnung nicht zu der Annahme, dass solche Namen im Sinne der Warenzeichen- und Markenschutzgesetzgebung als frei zu betrachten wären und daher von jedermann benutzt werden dürften.

Information bibliographique publiée par la Deutsche Nationalbibliothek: La Deutsche Nationalbibliothek inscrit cette publication à la Deutsche Nationalbibliografie; des données bibliographiques détaillées sont disponibles sur internet à l'adresse http://dnb.d-nb.de.
Toutes marques et noms de produits mentionnés dans ce livre demeurent sous la protection des marques, des marques déposées et des brevets, et sont des marques ou des marques déposées de leurs détenteurs respectifs. L'utilisation des marques, noms de produits, noms communs, noms commerciaux, descriptions de produits, etc, même sans qu'ils soient mentionnés de façon particulière dans ce livre ne signifie en aucune façon que ces noms peuvent être utilisés sans restriction à l'égard de la législation pour la protection des marques et des marques déposées et pourraient donc être utilisés par quiconque.

Coverbild / Photo de couverture: www.ingimage.com

Verlag / Editeur:
Presses Académiques Francophones
ist ein Imprint der / est une marque déposée de
OmniScriptum GmbH & Co. KG
Heinrich-Böcking-Str. 6-8, 66121 Saarbrücken, Deutschland / Allemagne
Email: info@presses-academiques.com

Herstellung: siehe letzte Seite /
Impression: voir la dernière page
ISBN: 978-3-8381-4406-1

Table des matières

1

Chapitre II : Elimination des fluorures des eaux de boisson par des procédés de précipitation

Chapitre III : Elimination des fluorures des eaux de boisson par adsorption sur bentonite

Partie II : Elimination du cadmium et des phosphates

Chapitre I : Synthèse bibliographique sur le cadmium et les phosphates

Chapitre II : Elimination du cadmium et des phosphates par des procédés de précipitation

Chapitre III : Elimination du cadmium et des phosphates par adsorption sur bentonite

Introduction générale

Introduction générale

La prise de conscience du problème des polluants minéraux dans les eaux destinées à la consommation humaine a conduit les pouvoirs publics à mettre en place des législations de plus en plus sévères vis-à-vis des rejets d'origines diverses (industrielles, urbaines ou agricoles). Parmi ces polluants minéraux, on trouve le fluor, le cadmium et les phosphates, dotés de propriétés chimiques particulières qui leur confèrent une toxicité aussi bien vis-à-vis de l'être humain qu'à l'égard des organismes du règne animal et parfois même végétal.

Le fluor est un corps minéral simple très répandu dans la nature (air, sol, végétaux, eaux). Cet oligo-élément est indispensable à la minéralisation de l'os et confère à l'émail dentaire une résistance contre la carie. Cependant, l'apport de quantités excessives (OMS, 2004) est à l'origine de troubles fonctionnels atteignant en particulier le système ostéodentaire. Ces effets sont connus sous le terme de " Fluoroses". L'intoxication chronique due à cet élément peut avoir diverses origines mais les eaux de boisson constituent le principal vecteur. En Algérie, diverses études épidémiologiques ont permis de conclure que la zone orientale du Sahara septentrional constituait la région la plus exposée au risque fluoritique.

De part ses effets toxiques, sa nature cancérigène mais également sa facilité d'accumulation dans les organismes, le cadmium est un élément chimique qui est devenu l'objet de nombreuses études scientifiques. Les rejets de ce métal dans l'environnement sont envisageables à tous les stades de son utilisation (raffinage, mise en œuvre de déchets industriels et ménagers,...). Les teneurs en cadmium maximales admissibles dans les eaux potables sont de 5 µg/l selon les normes européennes (Rodier, 1996) et de 3 µg/l selon l'organisation mondiale de la santé (OMS, 2004).

Les phosphates font partie des anions assimilables par le corps de l'être humain. Quelque soit leur origine (domestique, industrielle ou agricole), leur présence dans les eaux à fortes concentrations (teneurs supérieures à 0,2 mg/l) favorise le développement massif d'algues, lesquelles conduisent à l'eutrophisation des lacs et des cours d'eau (Rodier, 1996; Potelon et Zysman, 1998). La directive des communautés européennes (CEE) indique comme teneur du phosphore dans l'eau destinée à la consommation humaine un niveau guide de 0,4 mg/l et une concentration maximale admissible de 5 mg/l exprimée en P_2O_5 (Potelon et Zysman, 1998). Par contre, aucune valeur indicative n'est recommandée par l'OMS (OMS, 2004).

Actuellement, il existe plusieurs méthodes d'élimination de ces polluant minéraux des eaux utilisant soit des procédés d'adsorption utilisant différents matériaux (alumine activée, phosphate tricalcique, charbon actif, bentonite, Kaolinite...), des procédés biologiques ou des procédés de précipitation (précipitation chimique à la chaux, floculation aux sels d'aluminium). A côté de cela, il existe des procédés de déminéralisation non spécifique (osmose inverse, électrodialyse, la nanofiltration,...). Ces derniers peuvent être performants mais pour un pays en voie de développement, le coût élevé de ces procédés et surtout les contraintes d'exploitation et de maintenance rendent leur utilisation peu intéressante.

Dans cet objectif, nous tentons de montrer l'efficacité de la précipitation chimique à la chaux et de la coagulation floculation au sulfate d'aluminium ainsi que de l'adsorption sur bentonite vis-à-vis de l'élimination de chaque élément. Ainsi, notre étude est subdivisée en deux parties. La première comporte les étapes suivantes :
- Une synthèse bibliographique ayant pour objectif de présenter les principales caractéristiques physico-chimiques du fluor, sa présence dans l'environnement et ses effets sur la santé de l'être humain. Nous exposerons en particulier le problème de la fluorose endémique en Algérie et la qualité physico-chimique des eaux du sud algérien concernées par le problème de l'excès de fluor. Nous donnerons également

un aperçu sur les travaux réalisés dans le domaine de la défluoruration des eaux soit à l'échelle industrielle ou du laboratoire.

- Une étude expérimentale dont les résultats sont présentés en deux chapitres. Le premier concerne la défluoruration des eaux par des procédés de précipitation chimique en utilisant la chaux ou le sulfate d'aluminium. Les essais sont réalisés, dans un premier temps, sur des solutions synthétiques de l'eau de Drauh dopée par du fluorure de sodium et pour lesquels différents paramètres réactionnels sont variés. Une application des deux traitements de défluoruration est ensuite réalisée sur des eaux de la région de Biskra, naturellement chargées en fluor afin de vérifier l'efficacité du procédé.

Le deuxième chapitre présente les résultats des essais d'élimination du fluor par adsorption sur deux bentonites différentes. Ce sont les bentonites de Maghnia et de Mostaghanem, provenant de gisements du Nord Ouest algérien. Les essais sont réalisés sur les bentonites brutes puis activées chimiquement. Sur solutions synthétiques de fluorure de sodium, différents paramètres réactionnels sont variés au cours de la rétention du fluor sur ces argiles (temps d'agitation, pH, …).

Le procédé d'adsorption sur ces différentes bentonites est aussi testé sur des eaux naturellement fluorées.

La deuxième partie est consacrée aux deux polluants minéraux précédemment cités, le cadmium et les phosphates. Cette partie est subdivisée en deux étapes :

- Une revue bibliographique sur le cadmium puis les phosphates concernant d'une part l'exposé des principales propriétés des deux éléments, leurs origines, la présence de chaque élément dans l'eau et le domaine de leur utilisation. Il s'agit également d'exposer les principaux procédés d'élimination du cadmium et des phosphates dans l'eau.

- Une étude expérimentale, concernant l'application des trois procédés précités. Les résultats des essais réalisés sont présentés en deux chapitres. Dans le premier, nous présentons les résultats d'élimination du cadmium et des phosphates par des procédés de précipitation chimique à la chaux et par coagulation floculation au sulfate d'aluminium.

Les essais d'élimination du cadmium ont été réalisés sur des solutions synthétiques préparées par dissolution du $CdCl_2$ aussi bien dans l'eau distillée que dans des eaux naturelles (souterraines et superficielles). Au cours des essais réalisés par ces deux procédés, différents paramètres réactionnels ont été testés (dose de réactifs, pH et la teneur initiale du cadmium).

Pour l'élimination des phosphates, seule l'eau distillée a été utilisée comme milieu de dilution. Lors de l'application de la précipitation chimique à la chaux, nous étudierons l'effet de la dose de chaux. La coagulation floculation au sulfate d'aluminium a été réalisée à pH constant pendant le traitement en déterminant pour chaque cas la dose optimale du coagulant.

Au cours du deuxième chapitre, nous allons tester les pouvoirs de rétention de la bentonite de Maghnia et celle de Mostaghanem à l'état brut, vis-à-vis du cadmium et des phosphates en vue de leur élimination.

En solutions synthétiques d'eau distillée, différents paramètres réactionnels ont été considérés lors de l'élimination du cadmium (temps de contact, masse de bentonite, teneur initiale en cadmium et le pH) . L'impact de la minéralisation a été conduit sur des solutions de cadmium dissous dans les eaux souterraines de minéralisation variable.

Les essais d'élimination des phosphates ont été effectués sur solutions synthétiques d'eau distillée en utilisant les deux bentonites à l'état brut puis activées chimiquement.

Partie I :

Elimination des fluorures des eaux de boisson

Chapitre I : synthèse bibliographique sur le fluor

I-1 Introduction

Le fluor est un élément très répandu dans la croûte terrestre et est présent aussi bien dans l'air, les aliments que dans les eaux naturelles. Il ne se rencontre jamais à l'état libre dans la nature en raison de sa grande réactivité, il se présente sous forme de fluorures (OMS, 1985).

Selon la concentration du fluor absorbé, il peut être bénéfique ou néfaste pour la santé de l'homme. Comme tout oligo-élément, l'ion fluorure est bénéfique pour l'organisme humain à de faibles taux mais, dès que sa concentration est trop importante, il s'avère toxique et conduit à des fluoroses dentaires et osseuses.

Le présent chapitre a pour objectif de présenter les principales caractéristiques physico-chimiques du fluor, sa présence dans l'environnement ainsi que ses effets sur l'être humain. Nous exposerons essentiellement le problème de la fluorose endémique d'origine hydrique, celle-ci étant un problème connu dans le sud algérien. Nous donnerons également un bref aperçu sur la qualité des eaux de cette région.

L'abaissement de la concentration des fluorures dépassant les normes dans les eaux de consommation est pratiqué de diverses manières à travers le monde. Nous allons présenter un inventaire des procédés les plus utilisés. Nous nous appuierons sur les conditions d'application de chacune d'entre elles ainsi que sur leurs avantages et inconvénients, dans le but de justifier le choix des procédés testés lors de ce travail.

I-2 Propriétés générales du fluor

Le fluor est un élément de la famille des halogènes, de numéro atomique Z=9 ($1s^2\ 2s^2\ 2p^5$) et de masse atomique égale à 19. Comme pour tous les halogènes, la molécule de fluor est diatomique F_2 (Nekrassov, 1969)

Le fluor ne se rencontre jamais à l'état libre dans la nature mais sous forme de combinaisons chimiques des ions fluorures (OMS, 1985). L'ion fluorure est particulièrement stable, il n'est pas oxydable en milieu aqueux. Les fluorures donnent de nombreux complexes et des composés insolubles. Parmi les ions courants, c'est le zirconium et l'aluminium qui donnent les complexes les plus stables (Smith et

Martell, 1976). Ces propriétés pourront être mises à profit pour les traitements chimiques des fluorures ainsi que pour l'adsorption sur alumine.

Les fluorures donnent des composés insolubles avec les ions alcalino-terreux, en particulier avec le calcium (Mar Diop et Rumeau, 1993). Les produits de solubilité de ces composés sont portés dans le tableau 1.

Tableau 1 : Solubilité de quelques composés fluorés dans l'eau (Mar Diop et Rumeau, 1993)

Composé	Solubilité (mole/l)	Composé	Solubilité (mole/l)
LiF	0,05	BeF_2	5,5
NaF	1	MgF_2	$1,9.10^{-3}$
KF	17	CaF_2	$3,1.10^{-4}$
RbF	12	SrF_2	$9,3.10^{-4}$
CsF	24	BaF_2	$1,2.10^{-2}$

L'ion fluorure possède des propriétés basiques faibles, il est capable de fixer un proton pour donner l'acide fluorhydrique de pKa 3,17 à force ionique nulle. En milieu concentré et acide, il s'associe à l'acide fluorhydrique pour donner un complexe peu stable HF_2^- (Hichour, 1998).

La figure 1, présentant les proportions de chaque espèce fluorurée en fonction du pH, permet d'affirmer que le fluor sera sous forme basique ionisée (F^-) dans la plupart des eaux naturelles ayant souvent un pH entre 6 et 8,5.

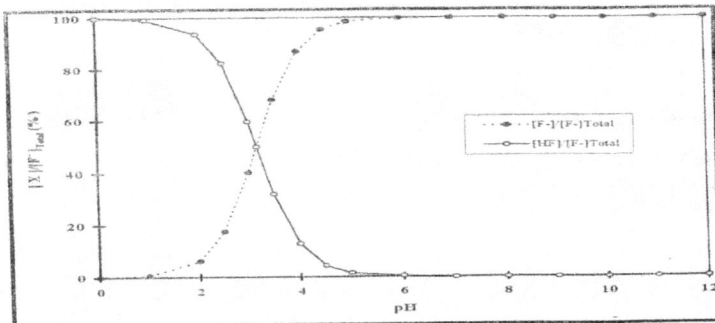

Figure 1: Proportions des différentes espèces fluorurées en fonction du pH (Hichour, 1998)

I-3 Présence du fluor dans l'environnement

A l'état minéral, le fluor est l'un des oligo-éléments les plus répandus dans la nature. Il s'y trouve, du fait de sa grande affinité pour les éléments métalliques qui l'entourent, sous forme combinée dans de nombreux minerais (OMS, 1985) : cryolite (Na_3AlF_6), fluorine (F_2Ca), apatites ($Ca_{10}(PO_4)_6F_2$) et phosphates.

Le fluor est présent dans les roches, les sols, l'eau, les plantes et les animaux (OMS, 1985; 1996).Cet élément se trouve naturellement dans presque tous les aliments qui constituent la ration alimentaire de l'être humain (Perlmutier, 1981). Parmi ceux-ci se trouvent plusieurs aliments riches en sels fluorées (OMS, 1972; Perlmutier, 1981) tels que les dattes (14 à 23 mg F$^-$ /Kg) et le thé (50 à 125 mg F$^-$ /Kg) (Aroua, 1981). Ces aliments sont largement consommés dans le sud algérien. Le tableau 2 regroupe le taux en fluor dans quelques aliments consommés dans la région d'El Oued (Algérie).

Tableau 2 : Teneurs en fluor (ppm) de divers végétaux cultivés dans les régions d'El-oued (Azout et Abraham, 1978)

Produit	Navet	Poivron	carotte	Pastèque	Pomme de terre	Tomate	Datte	Tabac - feuille
Fluor/matière brute	4,2	6,1	5,0	12,0	14,3	9,0	5,8	31,0

Le fluor des végétaux provient du sol et parfois indirectement des dépôts de poussières provenant du sol lui-même ou d'émanations fluorées d'origine industrielle (Kessabi et al., 1984). La pollution de ces industries (métallurgie d'aluminium, briqueteries, fabrique de céramique, cimenteries, industrie de phosphates naturels…) où les fluorures interviennent comme matière première ou comme impureté, peut contribuer de façon considérable à long terme à l'exposition totale des ouvriers et des habitations à proximité (Semadi, 1989 ; Barbier, 1992). Une pollution d'eau de mer comme c'est le cas du complexe des engrais phosphatés ASMIDAL à Annaba en Algérie (Semadi, 1989), ou d'eaux souterraines peut être causée par les rejets liquides des usines (OMS, 1985).

En général, les fluorures contenus dans l'eau de boisson constituent l'essentiel de la ration quotidienne de l'homme en fluor fixée dans l'organisme humain. Elle dépend en grande partie de la concentration des fluorures dans l'eau et des conditions climatiques.

Récemment, Nezli (2004), après avoir mené une enquête dans la région de Ouargla (Casbah, N'Goussa et Rouissat) affirme que la ration alimentaire moyenne journalière en fluor (Eau, thé, dattes et autres) de la population est de l'ordre de 4,11 mg/j. La quantité ingérée par l'eau constitue la principale source des fluorures soit 46,11% de la dose journalière moyenne (Figure 2).

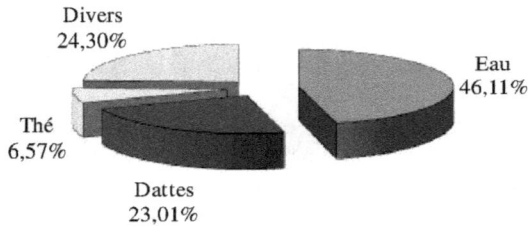

Figure 2 : Répartition des différents apports de la dose d'exposition journalière de la population de Ouargla (Casbah, N'Goussa, Rouissat) (Nezli, 2004)

En absence de pollution industrielle, les eaux naturelles sont chargées en fluorures après être entrées en contact avec des matériaux fluorés constituant les sols (OMS, 1985 ; Tardat-Henry, 1984), à la faveur de phénomènes physico-chimiques et biologiques. La teneur de l'eau en fluorures est donc variable selon les terrains traversés.

I-4 Effets physiologiques du fluor et de ses composés

Quelque soit le mode d'absorption du fluor, alimentaire, hydrique ou respiratoire, celui-ci est véhiculé par le sang. 75% du fluor total est transporté par le plasma, le reste par les globules rouges (Barbier, 1992). Environ la moitié du fluor ingéré est éliminée par l'urine. Cette élimination est assurée secondairement par les fécés, la salive, la sueur et le lait (Kessabi et Hamliri, 1983 ; Kessabi, 1984; OMS, 1986). La plus grande partie retenue dans l'organisme se dépose dans le squelette (96%) et dans les dents (2%) (Tardat-Henry, 1984).

Selon la dose et la nature du fluorure apporté à l'organisme, il peut avoir plusieurs effets:

- l'absorption d'une faible quantité de fluorures de l'ordre de 1mg/l d'eau de boisson diminue la sensibilité de la dentition à la carie (Kessabi et Hamliri, 1983; OMS, 1986). Les fluorures portent leur action sur la plaque dentaire en inhibant la croissance des bactéries et leur métabolisme. Ce sont des inhibiteurs des systèmes enzymatiques.

- L'acide fluorhydrique est extrêmement dangereux et peut provoquer des brûlures graves difficiles à guérir. L'acide aqueux parait moins dangereux, mais une aspersion même légère, si le contact est conservé quelques instants, entraîne des brûlures et des abcès purulents très douleureux et à guérison lente (Rothan, 1976 ; Barbier, 1992, Mar Diop et Rumeau, 1993). La dose léthale pour l'homme serait environ de 2,5 à 5 g d'ions F⁻ absorbés en une seule fois (Barbier, 1992).

- on distingue également la fluorose chronique qui se développe sur plusieurs mois ou années après ingestion ou inhalation prolongée à des taux suboptimaux de fluorures. Il y'à donc une accumulation de fluorures dans le tissu osseux associé à des troubles fonctionnels ou lésionnels (Kessabi, 1984 ; Tazaïrt et Kacimi, 1992).

La fluorose chronique de type endémique, semble être un problème préoccupant dans certains pays du monde (OMS, 1986; 1996) de même que dans le sud Algérien. Il serait donc intéressant d'en présenter quelques signes cliniques.

I-4-1 Fluorose endémique (hydrotellurique)

La fluorose endémique est une atteinte des dents et du squelette. Cette intoxication est décrite comme suit:

- **La fluorose dentaire :** Cette intoxication est connue sous le nom de Mottled Enamel chez les Anglo - Saxons et de Darmous en Afrique de Nord (Delibros, 1959; Boudiaf, 1974). Elle se manifeste par différents degrés, depuis l'émail normal d'aspect lisse et translucide de couleur blanc crémeux brillant, jusqu' à l'atteinte grave ou les dents altérées dans leur couleur, qui varie du brun foncé au noir. La présence de petites cavités isolées ou confluentes peut être signalée (Dean, 1934).

  L'atteinte par la fluorose dentaire est une fonction du taux de fluorures contenus dans l'eau de boisson, de la consommation hydrique individuelle (accrue au pays chauds) et du temps d'exposition au risque de l'excès du fluor (Travi et Lecoustour, 1982; Kessabi et Hamliri, 1983; OMS, 1986).

  L'action toxique du fluor s'exercerait exclusivement au moment du renouvellement de la dentition (Delibros, 1959; Kessabi et Hamliri, 1983; OMS, 1986; OMS, 1996). Ces altérations commencent à apparaître à des doses supérieures à 2 mg de fluorures par litre d'eau de boisson (OMS, 1996) ou même moins lorsqu'il y'a un apport supplémentaire par d'autres sources (OMS, 1985).

- **la fluorose squelettique :** Son apparition nécessite une exposition de plusieurs années (au moins 10ans) associée à une consommation d'une eau de boisson contenant plus de 10mgde fluorures par litre (OMS, 1985; 1996). La fluorose squelettique a été observée également sur des personnes consommant une eau contenant plus de 3-6 mg de fluor par litre (OMS, 1996; Rao Nagendra, 2003). Cette intoxication se manifeste par des signes radiographiques d'opacification généralisée lente et progressive des os du squelette et des fractures spontanées (Kessabi et Hamliri, 1983; OMS, 1985). De plus, il semble que la malnutrition, la carence en calcium jouent un rôle additionnel dans la gravité de la fluorose squelettique endémique (OMS, 1985)

I-4-2 La fluorose endémique en Algérie

Malgré le peu de publications dans ce sens, quelques travaux ont confirmé qu'un grand pourcentage d'habitants du sud algérien est atteint par la fluorose endémique avec ses deux formes, dentaire et osseuse. Ce problème de fluorose a été signalé pour la première fois en 1932 par le vétérinaire Velu de l'institut Pasteur (Delibros, 1959) puis en 1936 par Vincent du même institut (Bouaricha, 1971).

Pinet, en 1961, a entrepris une enquête dans la région du Souf. Cette dernière a montré que pratiquement toute la population était atteinte de fluorose dentaire et osseuse à des degrés divers. Par ailleurs, une enquête menée par Siau en 1966 de l'institut de stomatologie et de chirurgie dentaire d'Alger (Bouaricha, 1971) montre que dans la région d'El Oued, Ghamra, Bayada et Réguiba, 75 % à 98 % sur 200 enfants sont atteints de Darmous.

Selon Poey et al. (1976), l'intoxication fluorée chronique dans la région du Souf (eau de boisson contenant 3 à 5 mg de fluor par litre) provoque des modifications du bilan biologique. Ils attribuent cette intoxication fluorée à l'eau de boisson et à la consommation abondante de certains aliments riches en fluor, surtout les dattes et le thé. Les mêmes constatations ont été faites par Azout et Abraham en 1978.

Une enquête menée par l'INSP (Institut National de Santé Publique) en 1980 (Aroua, 1981), dont quelques résultats apparaissent dans le tableau 3, a noté que la zone orientale du Sahara septentrional (El-Oued, Touggourt, Ouargla) est un foyer de la fluorose endémique.

Tableau 3 : Pourcentage d'habitants atteints de fluorose dentaire au sud algérien
D'après l'INSP (Aroua, 1981)

Localité	Pourcentage (%)
Ouargla	44
Touggourt (ville)	18
M'riar	45
Djemaa	36
El-Oued (ville)	20
Ghardaïa	1,3
Laghouat	3,2
El-Goléa	2,5

En 1986, une étude épidémiologique (Naceur, 1986) a été menée sur des enfants de 7, 9 et 12 ans des deux sexes dans les localités de Ghamra (El-Oued) et El-Oued ville. Cette étude a été orientée sur les manifestations cliniques en zone de fluorose endémique.

Les résultats ont montré que, malgré le taux de fluor en excès, son immunité contre la carie dentaire est relative bien qu'il soit reconnu que le fluor ait une action contre les bactéries buccales. Selon cette même enquête, et parmi 246 cas examinés, 40 enfants à El-Oued et 21 enfants à Ghamra présentent des signes radiologiques de fluorose. Les enfants âgés de 7 ans sont touchés avec une fréquence de 50 %.

Les résultats de l'enquête menée par Nezli (2004) dans la région de Ouargla (Casbah, N'Goussa et Rouissat), indiquent que les lésions dentaires touchent environ 24,76 % des populations de la région d'étude (Figure 3)

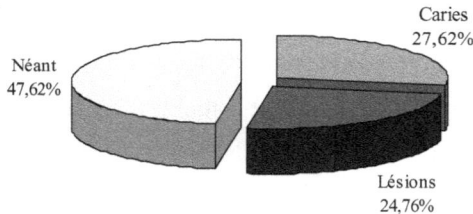

Figure 3 : Répartition des cas de fluoroses, de caries et de personnes saines dans la population de Ouargla (Casbah, N'Goussa et Rouissat) (Nezli, 2004)

I-5 Normes de teneurs limites en fluor dans les eaux de boisson

Toutes les normes (Européennes, canadiennes, américaines ou internationales) s'accordent à désigner une concentration voisine de 1mg/l de fluor comme teneur optimale dans l'eau de boisson vis-à-vis de l'organisme humain (dent, os). Selon la troisième édition de l'OMS (2004), concernant la qualité des eaux de boisson, le niveau guide limité pour l'ion fluorure est de 1,5 mg/l.

D'après ces législations (USPHS, 1962 ; OMS, 1972; EPA, 1975 ; CEE, 1980 ; Tardat-Henry, 1984) l'apport du fluor par l'intermédiaire de l'eau de boisson augmente surtout pendant la saison chaude. Il sera alors indispensable d'ajuster la concentration en fonction de la consommation quotidienne d'eau, laquelle varie selon la température de l'air ambiant.

Lorsque des normes nationales ne sont pas disponibles vis-à-vis le fluor dans les eaux de boisson, on peut adopter celles de l'organisation mondiale de la santé. Le tableau 4 présente les concentrations optimales en fonction de la température de l'air ambiant recommandées par l'OMS.

Tableau 4 : Concentrations limites recommandées pour les fluorures dans les eaux de boisson (OMS, 1972).

Moyennes annuelles des températures diurnes maximales (°C)	Concentrations limites recommandées pour les fluorures (mg/l)	
	Limite inf.	Limite sup.
10,0 – 12,0	0,9	1,7
12,1 – 14,6	0,9	1,5
14,7 – 17,6	0,8	1,3
17,7 – 21,4	0,7	1,2
21,5 – 26,2	0,7	1,0
26,3 – 32,6	0,6	0,8

D'après ces normes (Tableau 4), on peut dire que la norme exigée dans notre zone d'étude (sud algérien) sera de 0,6 à 0,8 mg/l.

Selon que la teneur en fluor soit supérieure ou inférieure à la norme adoptée dans le pays considéré on pourra pratiquer:

- Soit la fluoruration des eaux dépourvues de fluor (teneur en F⁻ amenée au voisinage de 1 mg/l) par utilisation de certains fluorures tel que le fluorure de sodium, le fluorosilicate de sodium et l'acide fluosilicique (OMS, 1986).

- Soit la défluoruration des eaux qui présentent des teneurs excessives. Dans ce cas, la seule solution pour éviter l'atteinte de la population par la fluorose endémique est l'élimination partielle de ces fluorures par un traitement adéquat. Il est en effet difficile de changer les habitudes alimentaires des habitants.

I-6 Présence du fluor dans les eaux du Sahara septentrional

I-6-1 Aquifères du Sahara septentrional

Situé dans l'un des plus vastes et des plus arides déserts au monde, le bassin sédimentaire du Sahara septentrional couvre le sud et l'extrême sud algérien et de la Tunisie. En Algérie, il s'étend sur 700000 Km^2 (Castany, 1982). La lithologie des formations du continental intercalaire (CI) et du complexe terminal (CT), associée à des considérations hydrodynamiques permettent d'individualiser quatre unités aquifères dans le bassin oriental :

La nappe phréatique du quaternaire;

La nappe des sables du Miopliocène;

La nappe des calcaires de l'Eocène inférieur et du Sénonien;

La nappe des grès (Albien) ou du continental intercalaire

Une étude de l'UNESCO (1982) a permis de quantifier et de répartir par secteur les besoins en eaux captées des aquifères CI et CT, nous en avons tiré les remarques suivantes:

• La plus grande part des débits est prélevée dans la zone orientale du Sahara septentrional (Touggourt, El-Oued, Ouargla, Biskra) compte tenu de l'importance de la demande en eau pour l'irrigation des palmeraies.

• Une exploitation plus importante du CT que le CI dans la zone orientale

• La part destinée à l'alimentation en eau potable est relativement faible par rapport à la part destinée à l'agriculture.

I-6-2 Caractéristiques physico-chimiques des eaux du Sahara septentrional

I-6-2-1 Principaux paramètres physico-chimiques

En se basant sur les résultats des analyses des tableaux 5 et 6 nous pouvons constater que:

- Sur l'ensemble des forages du Sahara septentrional, le pH est voisin de la neutralité et varie entre 6,5 et 8. De ce fait, l'alcalinité de ces eaux est de type bicarbonaté.

- Les conductivités sont variables selon la région considérée, diminue avec la profondeur de l'aquifère en allant de la nappe phréatique vers l'albien, mais sont globalement élevées, largement supérieures à 1000 µS/cm, révélatrice d'une forte minéralisation totale. Les cartes de minéralisation dressées (CDTN, 1992; Tabouche, 1999), indiquent un accroissement dans le sens d'écoulement des eaux grâce à des phénomènes de dissolution et mise en solution des sels des roches.

- Les cations calcium et magnésium sont présents en fortes teneurs, ce qui révèle une dureté totale (TH) importante sur l'ensemble des eaux de forages et dépassant les normes de l'OMS. La grande différence qui existe entre la dureté totale (TH) et la dureté carbonatée (TAC) serait essentiellement liée à la présence de chlorures et de sulfates. Le sodium est un autre ion se trouvant en forte concentration dans les eaux des nappes les plus superficielles. Cela est dû surtout à l'effet d'une forte évaporation provoquant la concentration en sels de sodium.

Tableau 5 : Données physico – chimiques de quelques points d'eau de la région de Biskra
(Youcef, 1998; Achour et youcef, 2001)

Point d'eau	Nature de la nappe	pH	TAC (^{0}F)	TH (^{0}F)	Ca^{2+} (mg/l)	Mg^{2+} (mg/l)	Cl^- (mg/l)	SO_4^{2-} (mg/l)	Conductivité (mS/cm)
M' cid N^{0}1	Miopliocène (CT)	7,04	29	156	189	261	1999	700	6,32
Et Alia sud	Miopliocène (CT)	7,32	24	120	168	187	1799	833	5,12
Jardin London	Miopliocène (CT)	7,22	27	137	186	217	1799	366	5,34
Doucen	Eocène inférieur (CT)	7,39	12	214	632	134	1050	632	2,86
Ouled-Djellal	Albien (CI)	7,96	12	191	454	186	1549	1250	3,79
El-hadjeb	Alluvion (CT)	7,14	15	179	645	43	1100	1750	3,19

Tableau 6 : Données physico – chimiques de quelques points d'eau de la zone orientale du Sahara septentrional (Tabouche et Achour, 2004)

Région	Nature de la nappe	Conductivité (mS/cm)	pH	Ca^{2+} (mg/l)	Mg^{2+} (mg/l)	TH (^{0}F)	Na^+ (mg/l)	K^+ (mg/l)	Cl- (mg/l)	SO_4^{2-} (mg/l)	HCO_3^- (mg/l)
Ouargla	**Phréatique**										
	P128	6,71	7,73	707	264	286	2472	100	2249	2556	196
	P121	4,46	8,20	363	235	188	591	21	1874	2302	198
	Miopliocène										
	D1F146	3,63	7,07	364	109	136	438	22	830	650	90
	D1F141	3,10	8,40	280	145	130	516	21	790	650	74
	Albien										
	HADEB	2,50	8,06	196	131	103	178	22	165	580	165
	K-El-RIH	2,83	7,80	230	127	110	-	-	63	-	63
Touggourt	**Miopliocène**										
	D38F36	5,09	8,24	796	166	268	455	30	1744	900	146
	D26f9	7,78	8,30	768	373	346	775	35	3224	2310	155
	Albien										
	Temacine	2,16	8,31	320	97	120	145	33	699	760	159
	Megarine	2,81	8,11	380	152	158	215	34	924	800	134
El-Oued	**Phréatique**										
	Guemar	3,91	7,35	726	253	287	138	26	800	1035	54
	Reguiba	3,35	7,64	816	590	450	80	11	700	1018	34
	Albien										
	DW 101	2,46	7,24	153	93	77	263	34	462	825	120
	D W102	2,39	7,21	165	100	83	228	34	374	790	134

Selon Tabouche (1999), le faciès des eaux de la région orientale du Sahara septentrional est différent d'une nappe à une autre et cela à cause de la lithologie des réservoirs qui est différente. Toutefois, on peut dire que:

- Les eaux de la nappe phréatique sont chlorurées sodiques à Ouargla et sulfatées calciques à El-Oued.

- Les eaux du Miopliocène sont en amont de la nappe (à Ouargla et Touggourt) sulfatées calciques et en aval (à El-Oued et Biskra) Chlorurées sodiques.

- Les eaux de la nappe Albienne sont chlorurées et sulfatées calciques et magnésiennes.

Tous ces paramètres indiquent ainsi une qualité médiocre de l'eau destinée à la consommation et la nécessité de les traiter.

I-6-2-2 Répartition des teneurs en fluor

Les études réalisées (Azout et Abraham, 1978 ; Achour, 1990 ; Tabouche, 1999 ; Youcef et Achour, 1999; Achour et al., 2002 ; Achour et Youcef, 2002) sur les eaux souterraines du bassin oriental du Sahara septentrional révèlent qu'elles contiennent des taux élevés en fluor dépassant généralement 1mg/l.

Les résultats d'analyses présentés sur les tableaux 7 et 8 montrent que les teneurs en fluor les moins élevées se retrouvent dans la nappe de l'albien. Les valeurs varient de 0,5 à 0,7 mg/l et peuvent être considérées comme conformes aux normes recommandées par l'OMS (0,6 à 0,8 mg/l pour la région considérée). Dans les nappes des sables et des calcaires (CT) qui sont les plus exploitées, les teneurs en fluor dépassent dans tous les cas 1mg/l avec un accroissement dans le sens de l'écoulement présumé des eaux considérées, ceci par des phénomènes de dissolution et d'échange de bases (Achour, 1990; Tabouche et Achour, 2002).

Tableau 7: Valeurs minimales et maximales des teneurs en fluor dans les différentes nappes de la zone orientale du Sahara septentrional (Achour et al., 2002)

Région	Nature de la nappe	Fluor (mg/l)	
		Valeur minimale	Valeur maximale
Ouargla	Phréatique Miopliocène Sénonien Albien	0,14 1,22 1,22 0,56	3,05 2,26 2,20 0,65
El Oued	Phréatique Albien	2,56 0,36	5,21 0,80
Touggourt	Miopliocène Albien	2,04 0,50	3,01 0,70
Biskra	Phréatique Miopliocène Eocéne Albien	1,07 1,33 2,01 0,65	2,94 1,49 2,63 -

Tableau 8: Le fluor dans les eaux profondes de la région de Ouargla (Nezli, 2004)

Nom du forage	Nappe	F⁻ (mg/l)
D1F146 Cité universitaire	Miopliocène	1,05
D7F4 Bamendil	Miopliocène	1,11
D6F40 El Koum	Miopliocène	1,42
D6F69 Oum Eraneb	Miopliocène	1,33
D6F97 El Bour	Miopliocène	1,27
D1F142 Ghabouz 2	Sénonien	0,90
D2F66 Saïd Otba	Sénonien	0,96
D3 F21 Sokra	Sénonien	1,09
D1F123 Mekhadma	Sénonien	1,15
D1F151 Ifri	Sénonien	1,23
El Hadeb 1	Albien	0,68
El Hadeb 2	Albien	0,69

Pour mieux visualiser le risque fluoritique, Tabouche (1999) a établi des cartes d'isoteneurs en fluor pour les nappes ne présentant pas de discontinuité sur la zone d'étude et notamment la nappe du Miopliocène (Figure 4). Cette carte montre des teneurs en fluor élevées variant entre 1 et 3 mg/l. Les concentrations en fluor dans les eaux de la région étudiée dépassent toutes les normes de l'OMS. On peut également observer sur cette carte que la région centre de l'Oued Rhir (Touggourt et El Hadjira) est la plus contaminée et présente un très grand risque fluorotique du point de vue de la santé des habitants de la région.

En ce qui concerne l'origine du fluor dans les aquifères du Sahara septentrional, l'hypothèse la plus crédible serait celle du lessivage des argiles présentes dans les réservoirs (Tabouche, 1999). Le rôle du magnésium peut être aussi non négligeable lors de la migration du fluor dans les eaux souterraines, car le complexe MgF^+ est susceptible de transporter un pourcentage élevé du fluor total

(Travi, 1993). Selon l'étude de Nezli (2004) sur la nappe phréatique de la basse vallée de l'Oued M'ya à Ouargla, le fluor est présent naturellement dans ces eaux sous forme d'espèces aqueuses libres (F^-) et complexées (MgF^+ et CaF^+).

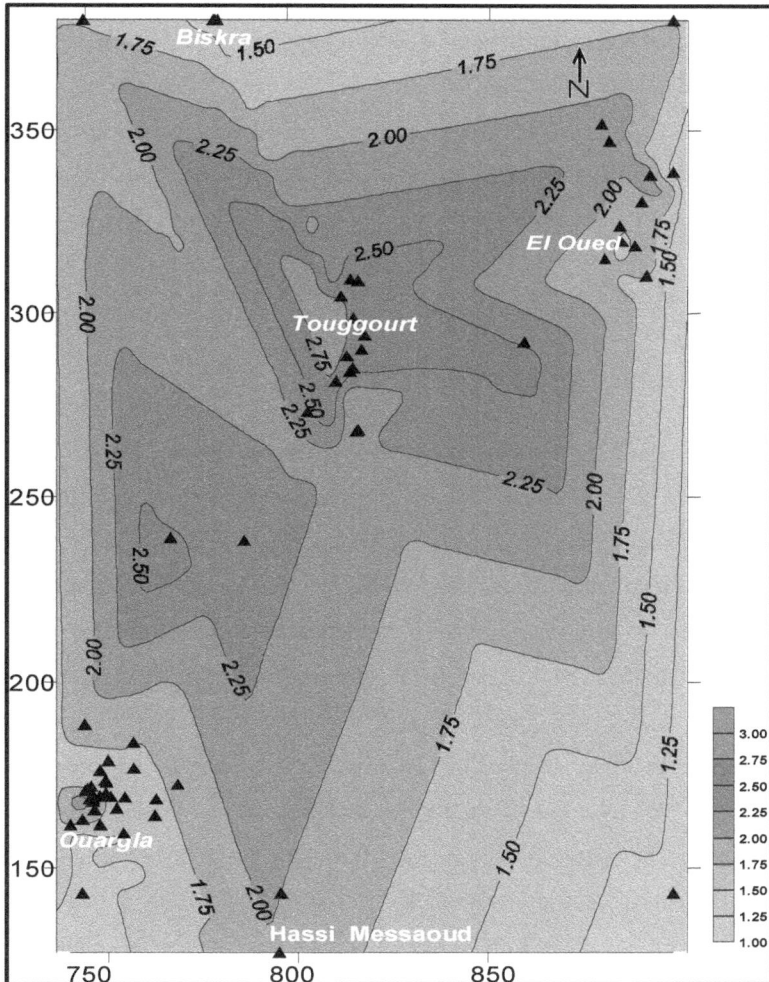

Figure 4 : Carte d'isoteneurs en fluorures (mg/l) dans la nappe du Miopliocène du Sahara septentrional. (▲) point de prélèvement (Tabouche, 1999).

I-7 Procédés d'élimination des fluorures

Dans un certain nombre de pays, plusieurs procédés de défluoruration ont été retenus et leurs paramètres de fonctionnement ont été développés soit à l'échelle du laboratoire, sur stations pilotes ou même appliqués à l'échelle industrielle. L'efficacité de ces procédés est variable selon la nature du procédé et les caractéristiques de l'eau à traiter. Les techniques les plus reconnues mettent en jeu des phénomènes d'adsorption, de complexation, de précipitation ou d'échange d'ions. Les techniques membranaires sont aussi parfois utilisées.

I-7-1 Procédés d'adsorption

I-7-1-1 Adsorption sur alumine activée

Pour ce type d'application, l'alumine activée est un produit granulaire utilisé en filtration. La vitesse de la filtration est fonction de la concentration de fluor à éliminer, à raison de 6 à 20 m/h pour des concentrations de 5 à 15 mg/l respectivement (Barbier et Mazounie, 1984). Le produit épuisé sera soit régénéré à la soude caustique à 10 g/l puis neutralisé à l'acide sulfurique (Rubel et Williams, 1980 ; Gordon et al., 1985) soit au sulfate d'aluminium (Barbier et Mazounie, 1984; Schoeman et Botha,1985) ou à l'acide sulfurique seul (Gordon et al.,1985) . L'efficacité de rétention du fluor par l'alumine activée dépend de plusieurs aspects chimiques de l'eau, tels que la dureté, les bicarbonates, la silice et le bore, du fait qu'ils entrent en compétition avec les ions fluorures (Rao Nagendra, 2003). Lors du traitement et afin d'éviter la compétition des ions HCO^-_3 avec les ions F^- sur les sites d'adsorption, le pH de l'eau brute doit être ramené entre 5 et 6 par le biais de l'acide sulfurique (Barbier et Mazounie, 1984; Schoeman et Macbood, 1987) ou du gaz CO_2 (Xu-Guo-Xun, 1992).

De nombreuses études ont mis en évidence les avantages de l'alumine activée sur les autres procédés de défluoruration quand il s'agit d'éliminer spécifiquement l'ion fluor (Mair, 1947; Barbier et Mazounie, 1984; Mazounie et Mouchet, 1984; Pontié et al., 1996). Cependant, ce procédé semble coûteux du fait des traitements complémentaires que l'on doit effectuer. De plus, ce traitement risque de faire augmenter la teneur en sulfates dans les eaux traitées, dans le cas d'acidification à l'acide sulfurique. Ce type de traitement est déconseillé pour les eaux du sud algérien déjà très chargées en sulfates.

I-7-1-2 Filtration sur phosphate tricalcique

Ce procédé a été largement utilisé aux Etats-Unis dans le passé (Sorg, 1978). Le mécanisme se résume en un échange d'ions entre l'ion fluorure et l'ion carbonate ou hydroxyde de l'apatite ou de l'hydroxyapatite. Les produits utilisés sont soit naturels (poudre ou cendre d'os) ou synthétiques préparés au sein de l'eau par mélange contrôlé d'acide phosphorique et de la chaux (Mazounie et Mouchet, 1984; Degrémont, 1989). Ces produits synthétiques peuvent être utilisés en poudre ou en grains de 0,3 à 0,6 mm confinés dans un filtre (gravitaires ou sous pression) (Adler et al., 1938 ; Mazounie et Mouchet, 1984). Ils possèdent une capacité d'élimination d'environ 700 mg F$^-$ /l (Rao Nagendra, 2003). Ce procédé est plus coûteux et moins efficace que le traitement par alumine activée (Mazounie et Mouchet, 1984). Le matériau sera régénéré périodiquement avec la soude caustique et rincé à l'acide. Les eaux de régénération devront être récupérées puis traitées séparément (Adler et al., 1938; Mazounie et Mouchet, 1984). Ce procédé présente un autre inconvénient qui est le relargage de phosphates dans l'eau traitée. De même, on peut observer la diminution de la capacité de fixation avec l'augmentation de la dureté de l'eau brute même avec une régénération à la soude.

I-7-1-3 Adsorption sur charbon actif

L'application de ce procédé de défluoruration peut donner un bon rendement de défluoruration (Mazounie et Mouchet, 1984; Degrémont, 1989; Rao Nagendra, 2003). Selon Won Wook et Kenneth (1979), l'élimination du fluor par utilisation de charbon actif est améliorée si ce dernier contient dans sa composition un certain pourcentage en Ca, Mg, Al et en Fe, du fait de la grande affinité du fluor vis-à-vis de ces éléments. Par contre, la présence de teneurs élevées en SO_4^{2-} dans l'eau à traiter influe sur la capacité d'adsorption du charbon actif en entrant en compétition avec les ions F^- pour les sites d'adsorption. Il en est de même pour la salinité de l'eau. Le traitement d'une solution d'eau distillée (20 mg F^-/l) à un pH de 6,2 et avec 25 g/l de charbon actif peut aboutir à 84 % d'élimination du fluor. Par contre, il n'atteint que 72 % quand on traite une eau de mer diluée (conductivité égale à 11,5 mS/cm) (Won Wook et Kenneth ,1979).

Il semble que ce procédé ne soit applicable qu'aux effluents industriels acides, puisque les conditions optimales d'application se situent à pH égal à 3. De plus, il y'a la nécessité de régénération et de recarbonatation ultérieure; Ce qui est onéreux pour une application aux eaux de consommation (Mazounie et Mouchet, 1984; Degrémont, 1989).

I-7-1-4 Adsorption sur les argiles

L'intérêt accordé ces dernières années à l'étude des argiles par de nombreux laboratoires dans le monde se justifie par leur abondance dans la nature, l'importance des surfaces qu'elles développent, la présence de charges électriques et surtout la capacité d'échange des cations interfoliaires (Bouras, 2003). Les argiles ont la propriété d'adsorber certains anions et cations et de les retenir dans un état où ils sont échangeables avec d'autres ions en solution (Cousin, 1980).

Certains pays tels que l'Inde (OMS, 1986), ont adopté la défluoruration des eaux au moyen de petites installations domestiques en utilisant une argile pouvant servir de milieu adsorbant. Au Sri Lanka (Padmasiri et al., 1995), on a utilisé des filtres contenant une argile produite localement, riche en fer et contenant des silicates d'aluminates et hemates, cuite à une température peu élevée.

L'adsorption d'ions fluorures sur une argile à potier (riche en fer), provenant de l'Ethiopie, a fait l'objet de recherches de Moges et al. (1996). Les résultats de ces recherches ont montré que 5 à 20 mg/l de fluorure ont pu être ramenés à moins de 1,5 mg/l après utilisation de 120 à 250 g/l de produit adsorbant.

Chidambaram et al. (2003) ont testé l'élimination des fluorures par adsorption sur des matériaux naturels comme le sol rouge, le charbon de bois, la poudre de cendre, la poudre de brique et la serpentine dont la composition correspond à la formule $Mg_6Si_4O_{10}(OH)_8$. 25 g de chaque matériau ont été introduits séparément dans une colonne afin de tester leur capacité d'adsorption en fonction du temps de filtration. 10 mg/l de fluorures sont passés à travers la colonne et les résultats révèlent que le sol rouge possède une meilleure capacité de défluoruration (0,1 mg/l de fluor résiduel après 30 min de contact) suivi de la poudre de brique, la serpentine, la poudre de cendre puis le charbon de bois. L'équilibre de défluoruration pour les cinq matériaux testés est obtenu après 30 minutes de l'essai.

Une étude comparative entre la capacité de défluoruration par deux types de serpentine (verte et jaune) a montré que le traitement par la serpentine est prohibitif car il nécessite de fortes doses (Rao Nagendra, 2003). Ces résultats sont regroupés dans le tableau 9.

Tableau 9 : Variation du fluor résiduel et du pH de traitement de l'eau par la serpentine
(Rao Nagendra, 2003)

Type de serpentine	verte						jaune					
Dose de serpentine (g/l)	0	10	20	40	60	80	0	10	20	40	60	80
Fluor résiduel (mg/l)	6,2	4,8	4,2	2,6	2,5	1,6	6,2	4,6	3,7	2,7	2,2	1,8
pH	8,8	8,4	8,6	8,7	8,8	8,9	8,4	8,4	8,6	8,8	8,8	8,9

Kau et al. (1997; 1998; 1999) ont étudié certains aluminosilicates comme le kaolin et les bentonites surtout calciques dont quelques propriétés sont présentées dans le tableau 10.

Tableau 10 : Propriétés des argiles testées par Kau et al. (1997; 1999)

Propriétés	Kaolin (Caroline du sud)	Bentonite (Australie)
SiO$_2$ (%)	44,6	62,9
Al$_2$O$_3$ (%)	39,5	15,2
Fe$_2$O$_3$ (%)	0,45	3,7
TiO$_4$ (%)	1,4	-
K$_2$O (%)	0,52	-
Autres (%)	0,23	8,7
Surface spécifique (m^2/g)	16,1	non mesurée

D'après ces auteurs, des résultats intéressants sont obtenus vis-à-vis de la défluoruration des eaux. Les mécanismes prédominants lors du contact entre l'argile et les solutions fluorées sont :

- L'échange F$^-$ / OH$^-$, qui se produit en premier lieu avec Al(OH)$_3$ puis avec OH$^-$ du cristal de l'argile.

- La formation de complexes et de précipités avec les cations échangeables de l'argile (magnésium, fer et calcium).

- Etant négative, la double couche de la bentonite attire les cations qui, à leur tour, peuvent attirer les ions de charge négative tels que F$^-$

D'après l'étude de Kau et al. (1998), les meilleurs rendements de défluoruration par ces argiles sont obtenus à pH 6. Les résultats du tableau 11 montrent que les valeurs de q$_m$ (capacité maximale d'adsorption), à pH 6, font apparaître une meilleure capacité d'adsorption sur la bentonite calcique. Elle est de l'ordre de 64,6 mg/g pour cette bentonite alors qu'elle se situe à 4,76 mg/l pour le Kaolin de la Caroline du sud et de 3,49 mg/g pour le Kaolin (HR1) de l'Australie.

Tableau 11 : Paramètres relatifs aux isothermes de Langmuir (Kau et al., 1998)

Type d'argile	pH de traitement	q_m (mg/g)	b (l/mg)	Coefficient de corrélation
Kaolin (Caroline du sud)	6	4,76	$1,9.10^{-2}$	0,969
	7	10,65	$8,5.10^{-4}$	0,970
Kaolin (HR1) (Australie)	6	3,49	$2,5.10^{-2}$	0,993
	7	1,51	$9,8.10^{-3}$	0,975
Bentonite calcique (Australie)	6	64,6	$1,5.10^{-3}$	0,999
	7	17,8	$1,0.10^{-3}$	0,984

En étudiant le pouvoir défluorant de la montmorillonite et du kaolin, Srimurali et al. (1998) ont montré que cette dernière argile était moins efficace que la montmorillonite. La diminution de la teneur des ions fluor dans le cas du traitement par la montmorillonite est accompagnée par un relargeage des ions Fe^{2+}, Cl^- et NO_3^-.

Au sein de notre laboratoire, des essais préliminaires de défluoruration ont été réalisés également en utilisant des bentonites provenant de l'Ouest algérien. Dans un premier temps, une bentonite calcique provenant de Nord Est de Mostaghanem a été utilisée comme adsorbant (Youcef, 1998). Pour un temps d'équilibre de 3 heures et en utilisant 1 g/l de bentonite, il a été prouvé que l'efficacité de défluoruration sur solutions synthétiques diminuait avec l'augmentation de la concentration initiale en fluor. Les rendements de défluoruration obtenus étaient faibles et variaient de 7,45 à 10,4 %.

D'autres essais (Youcef et Achour, 1998), ont permis de constater que l'utilisation de la bentonite comme adjuvant pouvait améliorer le rendement d'élimination du fluor au cours de la défluoruration par coagulation floculation au sulfate d'aluminium (Figure 5). Les résultats obtenus avec une bentonite sodique (bentonite de Maghnia) ont semblé plus intéressants.

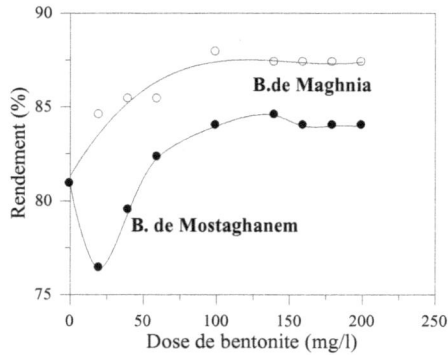

Figure 5 : Influence de la dose d'adjuvant sur l'efficacité de la défluoruration par coagulation-floculation au sulfate d'aluminium (teneur initiale en fluor 3,56 mg/l) (Youcef et Achour, 1998).

I-7-2 Procédés membranaires

Les techniques à membranes sont beaucoup plus faciles à mettre en œuvre et présentent des capacités de production bien plus importantes mais restent difficilement utilisables jusqu'ici par les pays en voie de développement du fait de leur coût très élevé et de leur manque de maîtrise de ces technologies. Dans le sud Algérien, nous pouvons citer le cas de la station de déminéralisation des eaux de consommation de Ouled Djellal (Région de Biskra), où les procédés d'osmose inverse puis d'électrodialyse ont montré leurs limites de fonctionnement.

I-7-2-1 Osmose inverse

L'osmose inverse est un procédé membranaire qui permet le passage de l'eau de la solution la plus concentrée vers la moins concentrée sous l'effet d'un gradient de pression. La pression appliquée doit être supérieure à la pression osmotique qui s'exerce de part et d'autre de la membrane (Kemmer, 1984; Maurel, 2004).

A l'échelle industrielle, les stations d'osmose inverse sont destinées pour la déminéralisation des eaux. Il existe quelques stations réalisées dont l'objectif était la défluoruration des eaux de consommation telle que celles en Floride aux USA. Les données de ces installations indiquent une production des eaux d'alimentation contenant respectivement 0,4 et 0,8 mg/l de fluor alors qu'elles contenaient avant traitement 2 et 2,2 mg/l (D.N.H.W, 1993). Une autre station de ce type installée à Emington (USA) permet de diminuer la teneur en fluor de l'eau de 4,5 à 0,6 mg/l (Gordon et al., 1985).

Ce procédé exige un prétraitement des eaux afin d'éviter les problèmes de colmatage des membranes et des filtres (Gordon et al., 1985). L'osmose inverse entraîne des coûts de traitement importants, et s'avère souvent inaccessible aux pays en développement, qui sont davantage demandeurs de procédés de traitement de l'eau à faible consommation d'énergie (Pontié et al., 1996). Ainsi, l'utilisation de l'osmose inverse en vue d'un usage destiné exclusivement à l'alimentation de la population en eau potable est limitée (Sorg, 1978; Tahar, 1981).

I-7-2-2 Electrodialyse et dialyse

L'électrodialyse est une technique séparative, les espèces ionisées minérales ou organiques dissoutes, telles que sels, acides ou bases, sont transportées à travers des membranes échangeuses d'ions sous l'action d'un champ électrique perpendiculaire au plan des membranes et au sens de circulation des solutions (Hichour, 1998; Maurel, 2004).

Par contre, la dialyse repose sur la diffusion à travers une membrane de solutés ioniques ou non, présents initialement de part et d'autre de cette barrière à des activités différentes. Lorsque la membrane échangeuse d'ions utilisée est imperméable aux co-ions (ions de même signe de celui des sites), le transport ne peut avoir lieu que si des charges de même signe s'échangent entre les deux solutions et traversent la membrane en des sens opposés, on parle alors de dialyse de Donnan (Hichour, 1998).

L'électrodialyse et la dialyse de Donnan apparaissent comme des techniques de défluoruration envisageables, compte tenu de la simplicité de leur mise en œuvre et de leur adaptabilité aux différents sites d'implantation (Hichour, 1998).

A l'échelle industrielle, peu d'études ont été réalisées dans ce domaine. On peut noter que Mastropaolo (1991) signale une installation en Virgine (USA) qui traite trois millions de gallons (1gallon = 3,785 litres) par électrodialyse et qui peut réduire la teneur des fluorures de ces eaux.

La dialyse de Donnan n'est pas encore utilisée à grande échelle et demeure actuellement au stade de recherche et développement (Hichour, 1998). Cette technique qui, du point de vue énergétique, est un procédé plus économique que l'électrodialyse semble donc être plus adaptée au traitement d'eaux fluorurées à faible minéralisation (Hichour et al., 1999).

Les résultats du tableau 12 (Hichour et al., 1999) montrent que l'électrodialyse abaisse la teneur de tous les ions minéraux et conduit à une diminution de la minéralisation de 70 %, en revanche, la dialyse de Donnan entraîne une légère augmentation de la minéralisation initiale, évaluée à 10 %. Elle semble donc difficilement adaptable aux eaux souterraines du Sahara septentrional algérien. La dialyse de Donnan induit une décarbonatation et une désulfatation, mais également une augmentation non négligeable de la concentration en chlorures. En revanche, en ce qui concerne la plupart des cations (sauf sodium), leurs teneurs initiales sont conservées.

Tableau 12 : Composition initiale et finale de l'eau modèle traitée par dialyse de Donnan et électrodialyse (Hichour et al., 1999)

Paramétres physico-chimiques	Eau modèle initiale	Dialyse de Donnan (AFX)	Electrodialyse (AMV-AM1/CMC)
Conductivité à 20 °C (µS/Cm)	1944	2430	674
pH	8,15	7,33	7,13
Concentration (mg/l)			
F^-	9,5	1,31	1,37
Cl^-	355	720,6	18,1
HCO_3^-	174,46	26,23	12,8
SO_4^{2-}	288	59,5	224,6
Na^+	241,5	290	110,6
K^+	19,5	19,5	0,56
Ca^{2+}	120	120	6
Mg^{2+}	24	24	3,6
(**AFX** et **AMV-AM1/CMC** : membranes échangeuses d'anions)			

Pontié et al. (1996) affirment que les membranes classiques d'électrodialyse ont une plus grande affinité pour les ions chlorures que pour les ions fluorures. Ce qui limite leur application à la défluoruration des eaux saumâtres. Car, avant d'enlever un seul équivalent d'ions fluorure, il faut éliminer tous les ions chlorure de la solution à traiter. Ce qui implique une étape de reminéralisation supplémentaire. Compte tenu de la qualité des eaux du sud algérien (forte minéralisation et teneur élevée en chlorures), ce type de traitement semble peu adéquat à leur défluoruration.

I-7-2-3 Nanofiltration

La nanofiltration se situe sur une échelle de taille de particule entre l'osmose inverse et l'ultrafiltration (Degrémont, 1989; Rumeau, 2004). C'est un procédé membranaire qui permet, comme en osmose inverse, la rétention des sels, avec une pression de fonctionnement plus faible. Les membranes de la nanofiltration, que l'on peut qualifier de semi-denses, présentent des diamètres de pores de l'ordre du nanomètre d'où leur nom. La nanofiltration permet de défluorer sélectivement les eaux saumâtres, en éliminant préférentiellement les fluorures par rapport aux autres sels, en particulier les chlorures (Rumeau, 2004).

Une étude menée sur des eaux saumâtres au Sénégal par Pontié et al. (1996), a montré que la comparaison des résultats obtenus en osmose inverse et en nanofiltration (Tableau 13) met bien en évidence une déminéralisation plus poussée en osmose inverse. Il peut être nécessaire de reminéraliser l'eau. Ainsi, la nanofiltration est apparue un procédé beaucoup plus économique que l'osmose inverse, elle effectue un déssalement partiel et il n'est pas nécessaire de reminéraliser l'eau pour qu'elle soit potable.

Tableau 13: Résultats des analyses du traitement par nanofiltration d'une eau saumâtre fluorurée (Pontié et al., 1996)

	Salinité (mg/l)	TH (°F)	pH	Cl⁻ (mg/l)	F⁻ (mg/l)
Niakhar (EB)	2025	4,55	8,35	655	13,5
Niakhar (NF)	230	0	7,95	85	0,7
Eau de puits (EB)	2033	44,5	7,75	600	0,84
(OI)	16	0	6,04	7	0,15
(NF)	352	1,9	7	112	0,59
(**EB:** avant traitement, **NF:** après nano filtration, **OI** : après osmose inverse)					

Malgré ces avantages, la nanofiltration reste une technique particulièrement complexe sur le plan fondamental, puisqu'elle permet de travailler à des pressions plus faibles que dans le cas de l'osmose inverse. La difficulté théorique vient du fait qu'il s'agit d'une technique de transition entre l'osmose inverse et l'ultrafiltration, les deux mécanismes de transfert coexistent, s'ajoutent et interfèrent. Un gros effort de simplification de la modélisation des phénomènes est donc indispensable pour bien comprendre les mécanismes de transfert fondamentaux (Rumeau, 2004).

I-7-3 Procédés de précipitation

Ces procédés sont basés sur la formation de précipités de fluorures ou d'adsorption du fluor sur les précipités formés en ajoutant à l'eau à traiter un agent défluorant adéquat.

I-7-3-1 Coagulation floculation aux sels d'aluminium

Plusieurs études (Scott et al.,1937; Mazounie et Mouchet, 1984; Lagaude et al., 1988; N'dao et al., 1992; Youcef et Achour, 2001) ont montré l'efficacité du sulfate d'aluminium pour un traitement spécifique tel que la défluoruration des eaux. L'ensemble de ces travaux affirment que ce procédé est basé sur l'hydrolyse du sulfate d'aluminium et la formation d'un précipité $Al(OH)_3$ ayant la capacité d'adsorber les ions fluor. La capacité de fixation du fluor sur l'hydroxyde d'aluminium, définie en mg de fluor fixé par mg d'aluminium dosé, augmente avec la teneur en fluorure de l'eau brute à dosage d'aluminium constant (Mazounie et Mouchet, 1984). Ce traitement ne peut atteindre un bon rendement de défluoruration que dans une gamme de pH se situant entre 6 et 7,5 et nécessite des doses élevées en sulfate d'aluminium, ce qui risque d'augmenter les teneurs en sulfate dissous dans l'eau traitée (Edgar, 1977 ; Mazounie et Mouchet, 1984 ; Lagaude et al., 1988, Youcef et Achour, 2001; Achour et Youcef, 2002). Compte tenu de l'importance des doses à mettre en oeuvre, ce procédé ne peut être économiquement envisagé que pour des eaux brutes ne présentant que d'assez faibles teneurs en fluorures (Mouchet et Mazounie 1984, Youcef et Achour, 2001). Ce qui est le cas des eaux du Sahara septentrional (Achour, 1990; Youcef, 1998, Tabouche, 1999).

Une étude antérieure (Youcef et Achour, 2001) que nous avons réalisée sur des eaux souterraines du sud algérien a permis de montrer que par le biais de ce procédé on peut atteindre des teneurs résiduelles en fluor largement inférieures aux normes (Figure 6). Toutefois, les doses de sulfate d'aluminium (280 à 560 mg/l)) sont élevées et augmentent avec la teneur initiale en fluor des eaux à traiter.

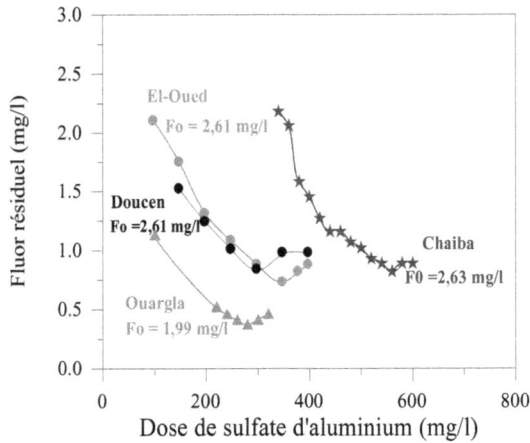

Figure 6: Evolution du fluor résiduel en fonction de la dose de sulfate d'aluminium
(Youcef et Achour, 2001)

Les résultats du tableau 14 présentent des exemples d'utilisation de ce traitement. Au vu de ces résultats, il est évident qu'en plus d'un pouvoir défluorant efficace du sulfate d'aluminium, il se produit une diminution sensible du pH qui s'accompagne d'une chute du TAC et de l'annulation du TA. La dureté totale ne subit pas de variations sensibles, mais les concentrations finales de l'aluminium et des sulfates dans l'eau deviennent plus élevées par rapport à celles de l'eau brute. Il y'a lieu de s'assurer que la teneur résiduelle d'Al^{+3} en solution ne dépasse pas 0,2 mg/l selon la norme de l'OMS.

Tableau 14 : Qualité des eaux défluorées par le sulfate d'aluminium

Mesures	Eau de forage FATICK (Sénégal)		Eau du réservoir de Doucen (Biskra, Algérie)	
	Eau brute	Eau traitée	Eau brute	Eau traitée
Dose du sulfate d'aluminium (mg/l)	0	750	0	300
F⁻ (mg/l)	5,2	<1	2,61	0,83
pH	8,5	6,4	7,39	5,9
TA (°F)	1,6	0	0	0
TAC (°F)	52,1	2,1	12,4	2,8
TH (°F)	3,1	3	214	197
Aluminium (mg/l)	0,05	0,15	0	-
Sulfates (mg/l)	42	320	1833	1933
Référence	Lagaude et al., 1988		Youcef, 1998	

Le WAC ou le polychlorosulfate basique d'aluminium est un autre sel d'aluminium qui peut être utilisé dans le domaine de la défluoruration des eaux (Belle et Jersale, 1984, N'dao et al., 1992). Ce sel fournit de meilleurs résultats que le sulfate d'aluminium (facilité d'emploi, clarification rapide de l'eau traitée, concentration finale plus faible en sulfates) (N'dao et al., 1992). Mais le WAC nécessite des doses très élevées pour le traitement (Figure 7), tout comme le sulfate d'aluminium, et accentue la charge en chlorures de plus 18 à 28 % par rapport à l'eau brute. Ce qui nécessite de tenir compte de la teneur initiale de ces chlorures. De plus, le prix élevé de ce réactif peut limiter son domaine d'application.

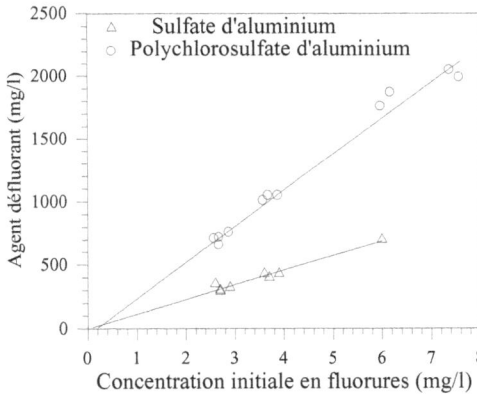

Figure 7 : Relation entre la concentration initiale en fluorures et la concentration en agent   défluorant nécessaire pour obtenir une teneur résiduelle de l'ordre de 1 mg/l (N'dao et al., 1992)

I-7-3-2 Précipitation chimique à la chaux

Les premiers travaux dans ce domaine (Boruff, 1934 ; Scott et al, 1937) ont découvert que le fluor pouvait être éliminé partiellement par utilisation de la chaux. Ceci a été mis en évidence lors de l'analyse des échantillons d'eau après traitement d'adoucissement à la chaux au niveau de stations installées aux USA. Depuis, des recherches ont été entreprises afin de déterminer les conditions optimales de ce type de traitement.

Dans le cas des effluents industriels, les fluorures sont éliminés soit par le traitement au $CaCl_2$ qui doit être suivi d'une étape de neutralisation par l'ajout de $Ca(OH)_2$ (Rabosky et al., 1975; Edgar, 1977) ou par le traitement à la chaux seule (Rabosky et al., 1975) rajoutée sous forme de $Ca(OH)_2$ ou de CaO.

L'introduction de ces sels aboutit à la réaction de précipitation des fluorures sous forme du précipité peu soluble CaF_2 (Edgar, 1977) (solubilité égale à 16 mg/l) suivant la réaction :

$$Ca^{2+} + 2F^- \rightleftharpoons CaF_2$$

L'ajout de sels de calcium permet l'abattement de teneurs élevées en fluorures mais, les teneurs résiduelles en fluorures restent parfois supérieures aux normes. Ce qui nécessite une autre étape de défluoruration tel qu'un traitement complémentaire par les sels d'aluminium et les polyélectrolytes ou l'alumine activée (Rabosky et al., 1975).

Pour les eaux de consommation moyennement chargées en fluorures, d'une dureté excessive et chargées en magnésium, la défluoruration par précipitation chimique à la chaux semble être intéressante (Finkbeiner, 1938; Youcef, 1998; Achour et Youcef, 2001; Mazounie et Mouchet, 1984). Car en parallèle ou d'une manière compétitive à celle de la précipitation de CaF_2, il se produit l'adsorption du fluor sur un précipité peu soluble (Solubilité de 0,3 méq/l à 15° C) qui est la magnésie, chargée positivement dans le domaine de pH de son existence (Brodsky et Zdenek, 1971; Semerjian et al., 2002).

Rappelons que les réactions globales de la formation de l'hydroxyde de magnésium lorsqu'on introduit la chaux dans l'eau sont les suivantes (Degrémont, 1989) :

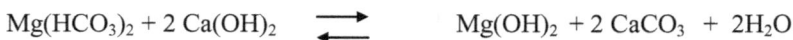

$$Mg(HCO_3)_2 + 2Ca(OH)_2 \rightleftharpoons Mg(OH)_2 + 2CaCO_3 + 2H_2O$$

Cette réaction s'amorce à un pH de 9,8 pour se terminer à un pH de 11,3 (Richard et Hourtic, 1976).

Quand le magnésium est lié aux ions chlorures et sulfates, l'hydroxyde de magnésium précipite suivant la réaction (Degrémont, 1989):

$$Mg\begin{Bmatrix} Cl_2 \\ SO_4 \end{Bmatrix} + Ca(OH)_2 \rightleftharpoons Mg(OH)_2 + Ca\begin{Bmatrix} Cl_2 \\ SO_4 \end{Bmatrix}$$

La première station de défluoruration des eaux de consommation par précipitation chimique à la chaux a été mise, en fonctionnement en juin 1936 au village Bloomdal en Ohio (USA) (Finkbeiner, 1938). La teneur de l'eau en fluorures a été réduite de 2,2 mg/l à 1,2 mg/l par adoucissement à la chaux et par ajout de sulfate d'aluminium comme adjuvant. Cette réduction du fluor a été suivie d'une élimination de 46 mg/l de magnésium qui représentait initialement 9 % de la dureté totale.

D'après Mazounie et Mouchet (1984), une décarbonatation à la chaux sans précipitation de magnésium s'accompagne d'une réduction simultanée de la teneur en fluorures de l'eau brute de l'ordre de 20 %. Ce pourcentage augmente lorsque la réaction de précipitation de $Mg(OH)_2$ s'amorce jusqu'à l'élimination de 60 % de magnésium initial.

En Algérie, quelques rares travaux expérimentaux réalisés sur des eaux du sud du pays ont montré l'efficacité de la défluoruration par précipitation chimique à la chaux. Certains résultats regroupés dans le tableau 15 indiquent que la défluoruration par précipitation chimique à la chaux mène à une utilisation de doses importantes de chaux afin d'atteindre des teneurs en fluor conformes aux normes. Ceci entraîne l'augmentation du pH de l'eau produite (pH supérieur à 10) et oblige à une recarbonatation ultérieure. La production de grands volumes de boues nécessite un traitement spécifique de déshydratation et une certaine prudence lors de leur stockage en décharge. Cependant, ce procédé provoque en même temps une élimination partielle de la dureté ainsi que de la conductivité. De plus, la chaux représente le produit chimique le moins onéreux parmi les produits susceptibles d'être utilisés pour la défluoruration des eaux (Youcef, 1998; Achour et Youcef, 2001).

Tableau 15 : Résultats des essais de défluoruration optimale des eaux testées en Algérie
(**EB :** Eau brute, **ET:** Eau traitée)

	El Oued (ville)		Bayada (ElOued)		El Oued (ville)		Doucen (Biskra)	
	EB	ET	EB	ET	EB	ET	EB	ET
Fluor (mg/l)	2,17	0,6	2,88	0,94	1,92	0,63	2,61	0,41
Magnésium (mg/l)	103	-	67	-	125	-	134	82
pH	7	10,3	7,2	11,3	7,6	10,7	7,39	10,42
Conductivité (mS/cm)	-	-	-	-	-	-	2,86	2,80
Minéralisation (mg/l)	-	-	-	-	2932	1792	-	-
Dose de chaux (mg/l)	300		500		300		400	
Référence	Guesseir, 1976				Achour ,1990		Youcef ,1998	

Selon nos travaux antérieurs (Achour et Youcef, 1996; Youcef, 1998), l'élimination du fluor était fortement dépendante de la teneur initiale en cet élément. Le procédé devenait par ailleurs peu intéressant pour de fortes teneurs en fluor dépassant globalement 5 à 6 mg/l. Il s'est avéré possible par le biais de la précipitation chimique à la chaux de ramener les teneurs en fluor à une valeur conforme aux normes à condition que l'eau soit faiblement ou moyennement fluorée et qu'elle contienne suffisamment de magnésium. Dans le cas contraire, on peut avoir recours à l'utilisation d'adjuvants tel que le chlorure ferrique ou le sulfate d'aluminium (Youcef, 1998). L'efficacité des deux adjuvants a été testée sur solutions synthétiques contenant 3,25 mg de fluor /litre et 98 mg de Mg^{2+} / litre (Tableau 16).

Tableau16: Résultats optima de la défluoruration par précipitation chimique à la chaux en présence d'un adjuvant (Youcef, 1998).

	Adjuvant utilisé	
	$Al_2(SO_4)_3$, 18 H_2O	$FeCl_3$, 6 H_2O
Dose de l'adjuvant (mg/l)	4	6
Dose de chaux (mg/l)	300	300
Rendement après traitement à la chaux seule (%)	73,85	73,85
Rendement après traitement à la chaux en présence de l'adjuvant (%)	75,69	78,15

Toutefois, l'efficacité de la précipitation chimique à la chaux peut être influencée de façon variable par la présence de bicarbonates et par la température du milieu (Youcef, 1998; Achour et Youcef, 1996; Youcef et Achour, 1996). L'augmentation du taux de bicarbonates n'améliorait le rendement de défluoruration que pour une gamme très étroite de concentration en HCO_3^-. Cette amélioration peut se lier essentiellement au phénomène d'entraînement des ions fluorures par des cristaux de carbonate de calcium précipités sous l'action de la chaux. L'augmentation de la température durant le traitement a une influence positive sur l'amélioration du rendement d'élimination du fluor. Au-delà de 30 °C, le traitement devient moins intéressant. Ceci a été expliqué par le fait que l'adsorption sur $Mg(OH)_2$ étant un processus exothermique, son déroulement est défavorisé par un élévation de la température. De plus, les eaux souterraines de la région étudiée contiennent des teneurs assez importantes en silice (10 à 40 mg/l) qui pourraient entrer en compétition avec le fluor pour les sites de la magnésie formée.

Le schéma d'une installation de défluoruration des eaux souterraines du Sahara septentrional par précipitation chimique à la chaux a été proposé (Youcef, 1998; Achour et Youcef, 2001). Cette installation peut être conçue de la même manière que celle de l'adoucissement ou de décarbonatation à la chaux en prévoyant une série de postes de traitement représentés sur la figure 8.

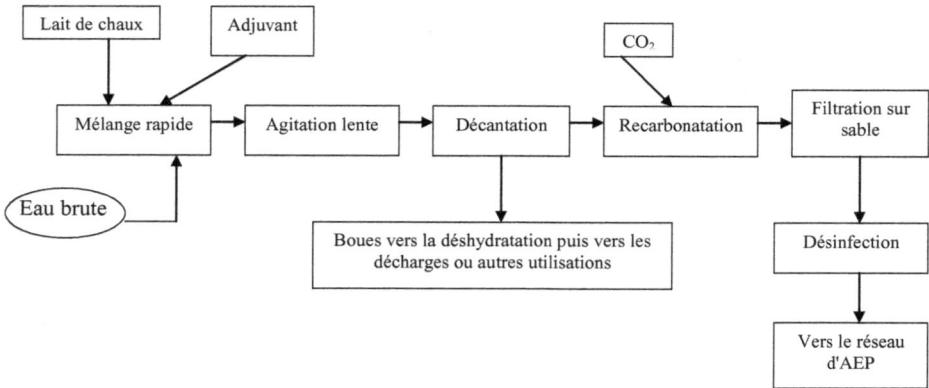

Figure 8: Schéma d'installation de défluoruration par précipitation chimique à la chaux (Youcef, 1998; Achour et Youcef, 2001)

I-8 Conclusion

Au cours de ce chapitre, nous avons présenté les propriétés générales du fluor et ses effets sur l'être humain. Il peut avoir à faibles doses un effet bénéfique dans la prévention contre la carie dentaire. Cependant, à doses excessives, il peut causer des effets toxiques aigus ou chroniques. La fluorose endémique (atteinte du système dentaire et osseux) d'origine hydrique semble affecter en effet une bonne partie des habitants du sud algérien, plus spécialement la zone orientale du Sahara septentrional. Cette fluorose serait due à la consommation abondante de certains aliments riches en fluor tel que les dattes et le thé et surtout à l'eau de boisson. Ces eaux sont caractérisées par une dureté excessive, de fortes teneurs en magnésium et une minéralisation importante. Les concentrations en fluor dépassent dans la plupart des cas les normes de potabilité, notamment pour les eaux de consommation.

Pour lutter contre cette intoxication, il s'est avéré que la seule solution était le traitement des eaux de consommation afin d'atteindre une teneur en fluor conforme aux normes.

Après avoir présenté une synthèse bibliographique sur les procédés les plus reconnus pour la défluoruration des eaux, il est devenu évident que certaines techniques permettent d'aboutir à un bon rendement de défluoruration mais présentent quelques inconvénients tel que des pertes progressives du pouvoir d'élimination du matériau utilisé, une modification inadmissible des caractéristiques physico-chimiques de l'eau traitée, un déroulement compliqué du procédé ou un coût élevé de traitement.

Pour une eau moyennement chargée en fluorures, d'une dureté excessive et chargée en magnésium, comme c'est le cas pour les eaux de la région d'étude (Sahara septentrional), nous pourrons tester la précipitation chimique à la chaux et la coagulation floculation au sulfate d'aluminium ainsi que l'utilisation de la bentonite comme adsorbant. Ces choix peuvent être justifiés par les caractéristiques physico-chimiques des eaux du sud algérien et de la disponibilité des réactifs défluorants requis pour l'application des procédés cités précédemment. Il faut également souligner la relative simplicité de la mise en œuvre de ces techniques comparées aux techniques membranaires ainsi que leurs coûts moindres.

Chapitre II : Elimination des fluorures des eaux de boisson par des procédés de précipitation

II-1 Introduction

Le présent chapitre a pour objectif de tester sur solutions synthétiques puis sur plusieurs eaux souterraines naturellement chargées en fluor et en magnésium, l'efficacité de deux procédés de précipitation, en utilisant la chaux ou le sulfate d'aluminium.

En premier lieu, nous présenterons les caractéristiques des différents réactifs utilisés pour les essais de défluoruration ainsi que les méthodes de dosage des différents paramètres de qualité des eaux, avant et après traitement. Nous décrirons également les étapes d'application des procédés de défluoruration que nous avons adoptés au niveau du laboratoire.

En second lieu, nous présenterons les résultats d'essais de défluoruration par la précipitation chimique à la chaux et par coagulation floculation au sulfate d'aluminium sur solutions synthétiques de fluorure de sodium. Par ailleurs, les résultats de la campagne d'échantillonnage d'eaux que nous avons réalisée dans plusieurs localités de la wilaya de Biskra feront l'objet d'une brève discussion. Les essais de défluoruration ont concerné également divers échantillons d'eaux souterraines, naturellement fluorées, de la région de Biskra. Le suivi de leur qualité a porté sur les paramètres qui semblent les plus touchés par le traitement.

II-2 Procédure expérimentale

Le tableau 17 permet une récapitulation des caractéristiques des différents réactifs utilisés pour les essais de défluoruration ainsi que les méthodes de dosage des différents paramètres de qualité des eaux. Les solutions synthétiques d'ions fluorures ont été préparées en utilisant comme milieu de dilution l'eau distillée ou l'eau de Drauh (Tableau19).

Tableau 17 :   Caractéristiques des différents réactifs utilisés et méthodes de dosage des paramètres de qualité des eaux

Solution mère de fluor	Milieux de dilution	Réactifs défluorants	Dosage des paramètres physico-chimiques de l'eau
• **Solution de NaF:** 100 mg F⁻ /l en faisant dissoudre 0,221 g de NaF dans 1 litre d'eau distillée	• **Eau distillée :** pH : 5,75 à 6,8 Conductivité:3 à 5 µS/cm • **Eau de Drauh:** eau de forage de la région de Biskra destinée à l'A.E.P (Cf. tableau 19)	• **Chaux:** $Ca(OH)_2$ - pureté : 96 % - Solution mère : lait de chaux (10 g/l) agitée constamment. • **Sulfate d'aluminium** $(Al_2(SO_4)_3, 18 H_2O)$ - Solution mère : 10g/l	• **pH:** pH-mètre digital de laboratoire pH 212 HANNA + électrode combinée (Bioblock Scientific). • **Conductivité:** conductimètre (Bioblock WTW LF315). • **Dureté totale TH:** complexométrie à l'EDTA (Rodier, 1996) • **Dosage du calcium:** complexométrie à l'EDTA en présence de murexide (Tardat-Henry, 1984) • **Dureté magnésienne:** différence entre la dureté totale et calcique • **Alcalinité** (Rodier, 1996): - **TA:** neutralisation de l'échantillon par H_2SO_4 N/50 en présence de phénolphtaléine - **TAC:** neutralisation de l'eau par H_2SO_4 en présence du méthyle orange • **Chlorures:** méthode de Mohr, titrage avec le nitrate d'argent (0,0141éq/l) en présence de chromate de potassium (Tardat-Henry, 1984) • SO_4^{2-}, PO_4^{3-}, SiO_2 : par colorimétrie en utilisant un photomètre Palintest (catalogue de l'appareil). • Al^{3+}, NO_3^{2-} : par colorimétrie en utilisant un photomètre multiparamètre (catalogue de l'appareil).

II-2-1 Dosage du fluor

Pour le dosage des ions F⁻, nous avons opté pour la méthode potentiomètrique. Il s'agit d'une méthode rapide, fiable et facile à utiliser.

Le dosage a été effectué grâce à une électrode spécifique aux ions fluorures (Elit 822 1F⁻ 55907) et une électrode de référence au chlorure d'argent (Elit 001 AgCl 56113). Les deux électrodes sont branchées à un pH mètre potentiomètre de terrain (pH 96 WTW). Pour mesurer la teneur de fluor dans un échantillon, on doit procéder à l'étalonnage de l'électrode spécifique, en mesurant le potentiel pour différentes solutions étalons avec des concentrations en fluor allant de 0,1 à 10 mg/l. La force ionique de chaque étalon, ainsi que celle des échantillons, est maintenue constante en ajoutant à 25 ml de l'échantillon 2,5 ml de la solution TISAB3 (REAGECON).

Nous mesurons le potentiel en commençant par la plus faible concentration et en agitant à vitesse constante. Nous traçons ensuite une courbe d'étalonnage en utilisant une échelle semi logarithmique. Sur la figure 9 apparaît un exemple de courbe d'étalonnage obtenue, les données correspondantes sont présentées dans le tableau 18.

Tableau 18: Données de la courbe d'étalonnage de l'électrode du fluor

Teneur en fluor C (mg/l)	0,1	0,5	1	2	4	6	8	10
Potentiel mesuré E (mv)	-278	-315	-334	-350	-368	-379	-385	-393

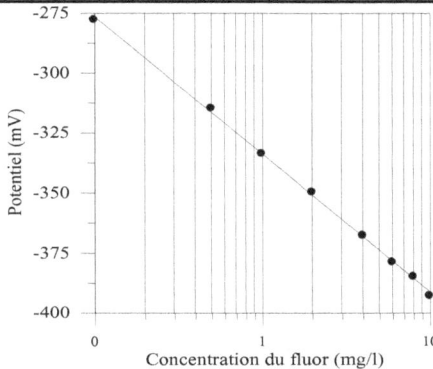

Figure 9 : Courbe d'étalonnage de la mesure des ions fluorures

Selon cet exemple la droite obtenue a alors pour équation, en utilisant un ajustement des points par la méthode des moindres carrés:

$$E = -57.3408 \, Log \, (C) - 333.884$$

Le coefficient de corrélation est R = 0.999075, où (C) est la concentration en fluor; (E) est le potentiel.

Pour déterminer la teneur en fluor de l'échantillon à analyser, nous procédons de même que pour les étalons. Nous mesurons le potentiel puis, en utilisant l'équation de la courbe d'étalonnage, nous calculons la concentration inconnue en fluorures. L'établissement de la courbe d'étalonnage doit être répété avant chaque série d'essais.

II-2-2 Description des essais de précipitation chimique à la chaux et essais de coagulation floculation au sulfate d'aluminium

Nous avons réalisé nos essais de précipitation chimique à la chaux ou de coagulation floculation au sulfate d'aluminium en utilisant un floculateur de laboratoire (Floculateur 11198 fisher bioblock scientific) et des bechers en matière plastique.

Les conditions d'agitation et de décantation que nous avons adoptées ont été préalablement déterminées lors de nos travaux antérieurs (Achour et Youcef, 1996; Youcef, 1998) sur solutions synthétiques de NaF:

• une agitation rapide à 150 tr/min durant 3 minutes.
• une agitation lente à 40 tr/min durant 17 minutes.
• une décantation de 30 minutes.

Après décantation, nous prélevons de chaque bécher un échantillon pour pouvoir mesurer la teneur de fluor résiduel et les autres paramètres de qualité susceptibles d'être influencés par chacun des traitements (pH, TH, TA, TAC, Ca^{2+}, Mg^{2+}, SO_4^{-2} et Al^{3+}) .

II-2-2-1 Essais en solutions synthétiques de fluorure de sodium

Les solutions synthétiques utilisées sont préparées en dopant l'eau de Drauh (Tableau 19) par du NaF à des teneurs de 1,56 à 6,56 mg/l. Les essais consistent à déterminer les doses optimales de chaux ou de sulfate d'aluminium, pour chaque concentration initiale en fluor (Fo), en introduisant des doses croissantes en ces réactifs défluorants.

Tableau 19 : Caractéristiques physico-chimiques de l'eau de Drauh

Conductivité (mS/cm)	pH	TAC (°F)	TH (°F)	Ca^{2+} (mg/l)	Mg^{2+} (mg/l)	Cl^- (mg/l)	SO_4^{2-} (mg/l)	F^- (mg/l)
1,36	7,86	16,5	82	168	92	237	520	1,56

II-2-2-2 Essais sur des eaux souterraines naturellement fluorées

Les essais de défluoruration par la chaux ou le sulfate d'aluminium ont été réalisés sur quatre eaux souterraines de la région de Biskra:

• Bouchagroune

• Bades 2

• Khenguet Sidi Nadji 1 (KSN 1)

• Khenguet Sidi Nadji 2 (KSN 2)

Les caractéristiques physico-chimiques de ces eaux sont représentées ultérieurement dans le tableau 19. Ces eaux, destinées à l'AEP, proviennent toutes de forages captant les nappes du complexe terminal et sont suffisamment chargées en fluorures pour justifier les essais de défluoruration.

Les essais ont consisté à déterminer les doses de réactifs défluorants (Chaux ou sulfate d'aluminium) pour une élimination maximale des fluorures dans les eaux échantillonnées.

Il a été également procédé à l'évaluation de l'incidence des traitements effectués sur la qualité finale de ces eaux afin de faciliter la comparaison entre les deux procédés de défluoruration utilisés.

II-3 Effet de la teneur initiale en fluor en solutions synthétiques

Les solutions synthétiques fluorées sont préparées à partir d'une eau de forage de Drauh (Biskra) dopée en fluorure de sodium à des teneurs allant de 1,56 à 6,56 mg F^- /l. Ces solutions ont été traitées par la précipitation chimique à la chaux et par la coagulation floculation au sulfate d'aluminium.

II-3-1 Résultats

Les résultats présentés sur la figure 10 montrent que la teneur en fluor résiduel diminue pour des doses croissantes en chaux ou en sulfate d'aluminium jusqu'à une certaine valeur puis elle réaugmente. Les doses des réactifs défluorants sont du même ordre de grandeur et croissent globalement avec la teneur initiale en fluor. Toutefois, pour des concentrations initiales en fluor élevées et atteignant 6,56 mg/l, les deux procédés aboutissent à une teneur en fluor résiduel dépassant assez largement la limite supérieure recommandée pour la région d'étude, soit 0,8 mg/l. Ce qui suggère que les deux procédés utilisés sont efficaces pour des teneurs faibles ou moyennes en fluor (Youcef et Achour, 1996; Youcef, 1998 ; Achour et Youcef, 2002).

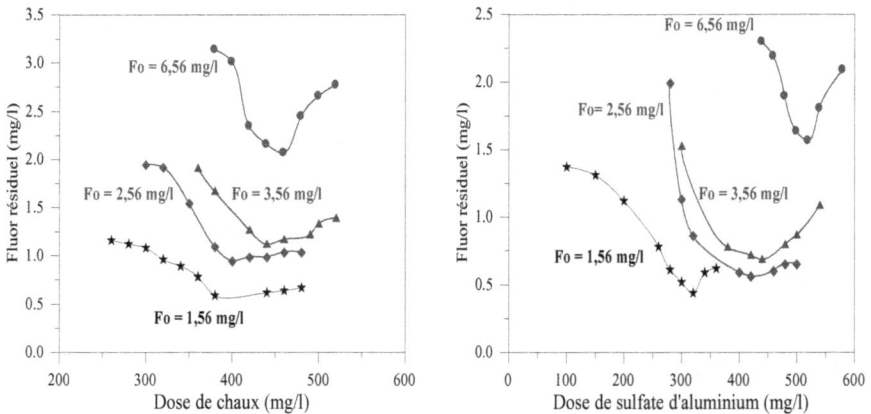

Figure 10 : Effet de la dose de réactif défluorant sur les teneurs en fluor résiduel en eau de Drauh dopée par NaF

Les pH des solutions traitées varient globalement avec l'accroissement de la dose des deux réactifs. Les pH correspondants aux meilleurs rendements de défluoruration sont de 11,15 à 11,48 dans le cas du traitement à la chaux et de 6,25 à 6,66 dans le cas du traitement au sulfate d'aluminium. Pour la gamme de concentrations de chaux entourant l'optimum de défluoruration, la dureté totale TH ainsi que le TAC subissent une nette diminution. Quant au TA, sa concentration augmente progressivement avec la dose de chaux introduite. Dans le cas de la coagulation floculation, il est nul. Sur le tableau 20, nous présentons un exemple de variation de quelques caractéristiques chimiques des solutions synthétiques traitées par les deux procédés.

Tableau 20 : Valeurs optimales des résultats de la défluoruration par la chaux et par le sulfate d'aluminium en solutions synthétiques de NaF.

Paramètres optima après traitement	Eau brute Drauh	Traitement à la chaux				Traitement au sulfate d'aluminium			
Teneur initiale en fluor (mg/l)	1,56	1,56	2,56	3,56	6,56	1,56	2,56	3,56	6,56
Dose du réactif défluorant (mg/l)	0	380	400	440	460	320	420	440	520
Fluor résiduel (mg/l)	1,56	0,59	0,94	1,11	2,06	0,44	0,56	0,68	1,56
Rendement (%)	0	62,18	63,28	68,82	68,59	71,80	78,12	80,90	76,22
pH	7,86	11,15	11,28	11,47	11,48	6,66	6,45	6,38	6,25
TH (°F)	82	73	72	63,2	57,6	74,4	71,20	73,60	72,50
TAC (°F)	16,5	7,5	6,8	5,5	5	8,7	7,9	6,9	6,3
TA (°F)	0	2,7	5,4	3,3	2,7	0	0	0	0

II–3-2 Discussion

II-3-2-1 Précipitation chimique à la chaux

La diminution du fluor en solution peut être expliquée par le fait que l'introduction de chaux aboutit à :

- La précipitation des fluorures sous forme de CaF_2 suivant la réaction (Edgar, 1977):

$$2F^- + Ca(OH)_2 \rightleftharpoons CaF_2 + 2OH^-$$

Si l'on rajoute un excès d'ions Ca^{2+} sous forme de $Ca(OH)_2$, il peut se produire une augmentation de la solubilité du précipité (Mar Diop et Rumeau, 1993). La redissolution du CaF_2 contribue à la réaugmentation du fluor résiduel à fortes doses de chaux.

- La formation de l'hydroxyde de magnésium, du fait que le magnésium est initialement présent dans les solutions traitées (92 mg/l). Rappelons que les réactions globales de la formation de la magnésie sont les suivantes (Richard et Hourtic, 1976; Degrémont, 1989):

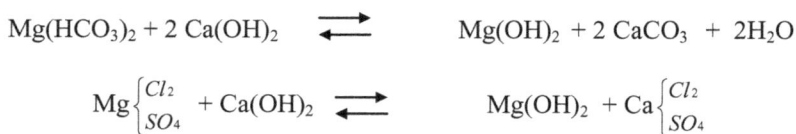

$$Mg(HCO_3)_2 + 2\ Ca(OH)_2 \rightleftarrows Mg(OH)_2 + 2\ CaCO_3 + 2H_2O$$

$$Mg\begin{cases}Cl_2 \\ SO_4\end{cases} + Ca(OH)_2 \rightleftarrows Mg(OH)_2 + Ca\begin{cases}Cl_2 \\ SO_4\end{cases}$$

La précipitation de l'hydroxyde de magnésium commence approximativement à un pH de 9,5 et devient significative aux alentours de pH 10,5, et pratiquement complète à un pH de 11 à 11,5 (Dziubek et Kowal, 1984). L'hydroxyde de magnésium résultant est un précipité gélatineux qui possède une grande surface d'adsorption et une charge superficielle positive qui attire les colloïdes et particules de charges négatives tels que les ions F⁻ (Brodsky et al., 1971; Dziubek et Kowal, 1984). La réaugmentation des teneurs résiduelles en fluor observées au-delà de l'optimum pourrait être liée à une ressolubilisation des précipités ou à une compétition entre les fluorures et les hydroxydes libérés par la chaux pour les sites de la magnésie(Achour et Youcef, 1996; Youcef et Achour, 1996; 2001).

Lors de nos travaux antérieurs (Youcef et Achour, 1996; Youcef, 1998), nous avons étudié l'influence d'une teneur croissante en magnésium sur le rendement de défluoruration sur solutions synthétiques de fluorure de sodium. Les résultats illustrés par la figure 11 montrent clairement que pour une même concentration en fluor la présence de plus fortes teneurs en magnésium permet d'améliorer le rendement de défluoruration à la chaux. Car avec l'ajout progressif de chaux, il se produit une formation continue de l'hydroxyde de magnésium qui augmente avec des teneurs croissantes en Mg^{2+} initial.

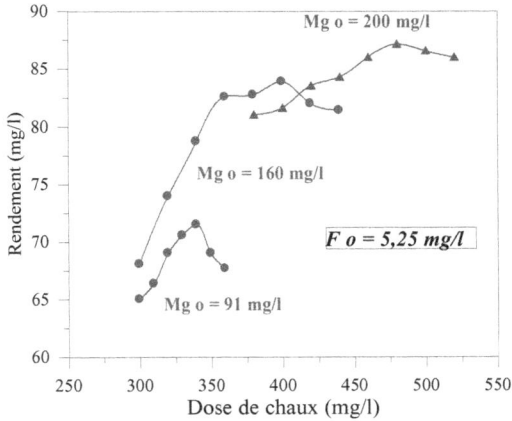

Figure 11: Variation du rendement de déflururation en fonction de la dose de chaux pour différentes concentrations initiales en magnésium sur solutions synthétiques d'eau de Drauh (Youcef, 1998)

La diminution de la dureté totale s'explique par l'élimination partielle des ions Ca^{2+} et Mg^{2+} après formation des précipités $CaCO_3$ et $Mg(OH)_2$ respectivement sous l'effet de l'ajout de la chaux. L'introduction de doses croissantes de chaux produit également une augmentation du pH des solutions sous l'effet des ions (OH^-). Ces ions participent à l'élévation du titre alcalimétrique (TA) qui devient non nul.

II-3-2-2 Coagulation floculation au sulfate d'aluminium

Lors de l'hydrolyse du sel d'aluminium dans les solutions traitées, il se produit un précipité blanc gélatineux $Al(OH)_3$ qui se forme aux dépens de la dureté temporaire (bicarbonatée) tel que le bicarbonate de calcium qui se trouve transformé en dureté permanente selon la réaction suivante:

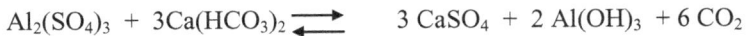

$$Al_2(SO_4)_3 + 3Ca(HCO_3)_2 \rightleftharpoons 3\,CaSO_4 + 2\,Al(OH)_3 + 6\,CO_2$$

D'autre part, chaque Al^{3+} réagit avec 3 OH^- provenant de l'eau elle-même selon les réactions :

$$Al_2(SO_4)_2 \rightleftharpoons 3\,SO_4^{2-} + 2\,Al^{3+}$$

$$H_2O \rightleftharpoons H^+ + OH^-$$

$$Al_3^+ + 3\,OH^- \rightleftharpoons Al(OH)_3$$

59

Les protons H^+ sont ainsi libérés, en plus du CO_2. Ceci explique la baisse sensible du pH, ce qui rend le milieu acide et corrosif pour de fortes doses de sulfate d'aluminium introduites. Dans le cas de nos essais, le pH correspondant aux teneurs résiduelles optimales en fluor est compris entre 6,25 et 6,66. Ce pH est compris dans la gamme de formation d'un précipité volumineux d'hydroxyde d'aluminium, ceci entre pH 5,5 et 7,5 (Figure 12). $Al(OH)_3$ est un précipité peu soluble avec un produit de solubilité de 1.10^{-33} (Beaudry, 1984).

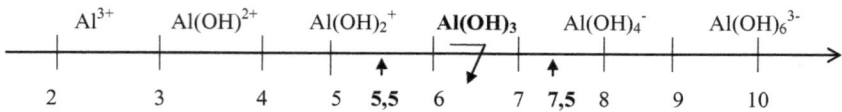

Figure 12 : pH de formation des hydroxydes d'aluminium (Cousin, 1980)

D'après Rabosky et al. (1975), l'hydroxyde d'aluminium formé peut servir de surface de fixation ou d'adsorption des ions F^- (Figure 13). L'ion fluorure est alors adsorbé dans la couche ionique (couche double) de l'hydroxyde puis éliminé avec ce dernier pendant la décantation. Ce qui pourrait expliquer l'abattement de la teneur initiale en fluor, que nous avons observé.

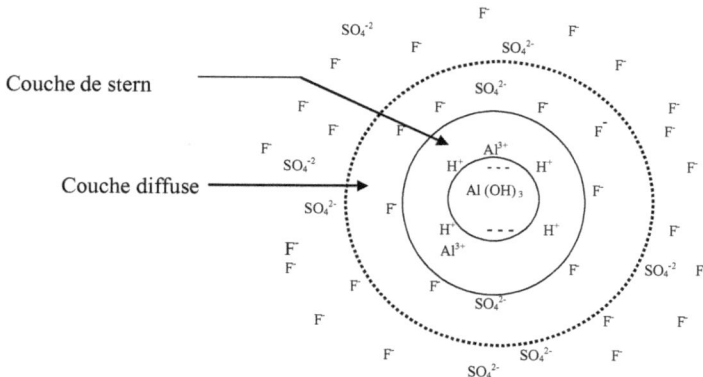

Figure 13: Schématisation de l'adsorption des ions F^- dans la couche double de floculant dans une solution aqueuse (Rabosky et al., 1975).

La diminution du TH à doses croissantes du coagulant est due probablement au fait que les ions Ca^{2+}, Mg^{2+} se trouvant en fortes teneurs dans ces solutions, ont participé à la formation de ponts interparticulaires. Le TAC est un autre paramètre qui a subi une baisse par ce traitement sous l'effet de la réaction d'hydrolyse du sulfate d'aluminium.

II-4 Application des deux procédés à des eaux souterraines

La multiplicité des formes complexes sous lesquelles le fluor peut se trouver dans la nature permet d'émettre des doutes sur la reproductibilité des essais sur solutions synthétiques de NaF. Dans cet objectif, nous avons appliqué la précipitation chimique à la chaux et la coagulation floculation au sulfate d'aluminium sur des eaux souterraines naturellement fluorées. Ceci, afin de vérifier si nous pouvons extrapoler les résultats obtenus sur solutions synthétiques aux eaux naturelles. Lors des essais, nous avons déterminé la dose optimale des deux réactifs défluorants et suivi la qualité de ces eaux avant et après traitement.

Les eaux retenues pour l'expérimentation concernent des forages captant la nappe du complexe terminal. Ces eaux proviennent de la région de Biskra (Bouchagroune, Bades 2, Khenguet Sidi Nadji1 (KSN1) et Khenguet Sidi Nadji2 (KSN2)) et sont destinées à l'alimentation en eau potable. Les caractéristiques physico-chimiques de ces eaux traitées sont présentées ultérieurement dans le tableau 21.

II-4-1 Echantillonnage d'eaux souterraines de la région de Biskra

Les campagnes de prélèvement d'échantillons d'eaux souterraines au niveau de la wilaya de Biskra ont eu lieu durant l'année 2004. L'échantillonnage a concerné les points d'eaux destinées à l'alimentation en eau potable ainsi que des forages destinés à l'irrigation.

Les résultats d'analyses physico-chimiques des eaux prélevées sont regroupés dans le tableau 21. Ces résultats nous ont permis de constater que les teneurs en fluor des différentes eaux sont supérieures à la norme de l'OMS relative à ces régions (0,6 à 0,8 mg/l) surtout dans la région d'Aïn Naga. Ceci peut confirmer que les fluoroses endémiques ne se limiteraient pas seulement à la zone (Souf, Ouargla, Touggourt) mais s'étendraient également à d'autres régions du Sahara septentrional.

Toutes ces eaux analysées ont une conductivité comprise entre 0,54 et 7,63 mS/cm. Cette forte minéralisation est liée majoritairement à leurs teneurs élevées en calcium, magnésium, chlorures, sulfates et probablement en sodium. Les eaux présentent des pH variant entre 7,21 et 8,13, ainsi elles révèlent une légère alcalinité bicarbonatée. Une dureté totale, calcique et magnésienne relativement élevées sont une autre caractéristique remarquable de ces eaux. Ces constatations rejoignent celles faites dans le chapitre I, pour la plupart des eaux souterraines du Sahara septentrional.

Azout et Abraham (1978) émettent l'hypothèse d'une liaison entre la teneur en fluor et les phosphates mais pour les zones de prélèvement ce ne serait pas le cas, car les valeurs des PO_4^{3-} mesurées sont inférieures à 0,5 mg/l.

La silice est présente à des teneurs non négligeables dans les eaux souterraines de la région d'étude. Il est bien connu, sur le plan industriel que la silice est adsorbée sur le précipité d'hydroxyde de magnésium qui est formé au cours des procédés de décarbonatation à la chaux (Kemmer, 1984).

Tableau 21: Caractéristiques physico-chimiques des échantillons prélevés dans la nappe du Miopliocène de la wilaya de Biskra

N° forage	Région	pH	TAC (°F)	TH (°F)	Ca²⁺ (mg/l)	Mg²⁺ (mg/l)	Cl⁻ (mg/l)	SO₄⁻⁻ (mg/l)	SiO₂ (mg/l)	PO₄³⁻ (mg/l)	F⁻ (mg/l)	Conductivité (mS/cm)
594	Aïn Naga	7,99	5,9	354	728	413	212	2000	21	0,14	**3,25**	3,68
681	Aïn Naga	7,71	5,7	259	752	170	246	1860	19	0,42	**3,67**	3,74
117	Sidi Okba	8,13	19	174	605	55	555	1460	18	0,12	**0,47**	3,55
111	Sidi Okba	7,87	17,2	108	256	106	251	1138	1,6	11	**1,22**	7,63
110	Sidi Okba	8,01	14,7	64	88	101	330	810	-	-	**0,66**	1,82
156	Sidi Okba	7,82	10,6	214	355	301	1657	2200	14	0,28	**1,12**	5,53
-	Bades 2	7,27	19	186	492	151	266	1030	-	-	**1,45**	1,9
-	Bades 1	7,37	17	118	320	91	2760	210	-	-	**1,55**	1,86
-	KSN 1	7,71	16	222	456	259	300	1000	-	-	**2,23**	1,9
-	KSN 2	7,21	14	247	586	241	446	2000	-	-	**3,54**	3,46
-	Bouchagroune	7,27	17,6	208	640	115	280	1330	-	-	**2,23**	1,98
-	Oum Sebta	8,03	15	68	115	94	60	770	-	-	**0,66**	0,54
-	Jardin London (Biskra ville)	7,55	22	71	208	46	1076	925	-	-	**1,50**	5,69
-	Sidi Khelil	7,65	18	86	218	76	135	580	-	0,58	**2,29**	1,33
383/321	M'Ziraa	7,73	12	97	193	116	1741	2664	19	0,12	**2,57**	2,24
334/321	M'Ziraa	8,07	13	120	168	187	841	1721	12	0,08	**1,87**	2,74
1153/322	M'Ziraa	7,94	12	118	248	134	1041	1716	23	0,07	**2,20**	3,00
	Chaïba	7,84	17	72	155	80	188	415	-	-	**1,96**	1,45

KSN : Khenguet Sidi Nadji

II-4-2 Défluoruration des eaux souterraines par précipitation chimique à la chaux

En appliquant ce type de traitement aux eaux retenues pour l'expérimentation (Bouchagroune, Bades 2, Khenguet Sidi Nadji1 (KSN1) et Khenguet Sidi Nadji2 (KSN2)), nous avons eu pour objectif de déterminer la dose de chaux optimale et de suivre la qualité de ces eaux avant et après traitement.

II-4-2-1 Résultats

Au vu des résultats représentés sur la figure 14, nous pouvons constater que par le biais de ce procédé nous pouvons ramener la teneur initiale en fluor de chaque eau traitée à une teneur très inférieure aux normes (Eau de Bouchagroune: 0,26 mg/l; , Bades 2: 0,18 mg/l; KSN1: 0,16 mg/l; KSN2: 0,37 mg/l).   Toutefois, les doses optimales de chaux (440 à 560 mg/l) sont élevées. Ceci a été d'ailleurs constaté lors des essais sur solutions synthétiques (Cf II-3) et lors des études antérieures (Youcef, 1998; Youcef et Achour, 2001; Achour et Youcef, 2002).

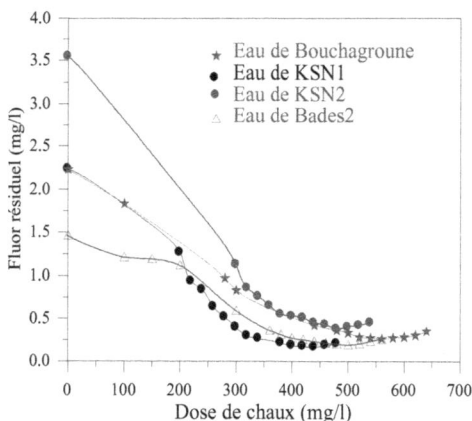

Figure 14 : Effet de la dose de chaux sur l'évolution du fluor résiduel des différentes eaux

En parallèle aux mesures du fluor résiduel, le suivi de l'évolution du pH et du TA a permis d'observer que ceux-ci augmentaient avec l'accroissement des doses de chaux, tout comme en solutions synthétiques de NaF, avec un optimum entre 10,83 et 11,12 pour le pH et 1,8 et 3 °F pour le TA. Ceci oblige le traiteur à réajuster le pH de l'eau traitée avant distribution.

A l'optimum du rendement d'élimination du fluor, les paramètres relatifs à la minéralisation (TH, TAC, Mg^{2+}, SO_4^{2-}) présentent une baisse qui peut être non négligeable par rapport aux valeurs de l'eau brute (Tableau 22).

Tableau 22: Résultats optima de la défluoruration des eaux par la précipitation chimique à la chaux

	Bades 2		Bouchagroune		KSN 1		KSN 2	
	Brute	Traitée	Brute	Traitée	Brute	Traitée	Brute	Traitée
$Ca(OH)_2$ (mg/l)	0	500	0	560	0	440	0	480
Fluor résiduel (mg/l)	1,45	0,18	2,23	0,26	2,23	0,16	3,54	0,37
Rendement (%)	0	87,59	0	88,34	0	92,82	0	89,27
pH	7,27	11,12	7,27	10,87	7,71	11,10	7,21	10,83
TH (°F)	186	163	208	166	222	209	247	210
Mg^{2+} (mg/l)	151	90	115	54,6	259	181,2	241	140
TAC (°F)	19	4,8	17,6	6	16	5,2	14	4,8
TA (°F)	0	2,4	0	3	0	1,8	0	2
SO_4^{2-} (mg/l)	1030	950	1330	1130	1000	640	2000	1900

Pratiquement, il serait plus intéressant de limiter le traitement à la teneur recommandée par l'OMS (0,6 à 0,8 mg/l) pour ces régions. Ceci permettra d'économiser sur les quantités de chaux utilisées et de préserver l'effet bénéfique d'un apport minimal en fluor.

II- 4-2-2 Discussion

Les différences observées entre les doses optimales pour toutes les eaux étudiées s'expliqueraient d'une part par les différences de teneurs initiales en fluor et d'autre part par l'importance d'autres éléments réagissant avec la chaux (calcium, bicarbonates, fer, silice,…).

Le phénomène prédominant lors du traitement à la chaux serait l'adsorption des ions F⁻ sur les sites de la magnésie $Mg(OH)_2$ formée grâce à la présence de quantités suffisantes de magnésium dans les eaux traitées (Tableau 22). La formation du précipité s'est produite vue l'augmentation du pH lors du traitement (Figure 15). Le pH optimal de précipitation se situe globalement entre 10 et 11.

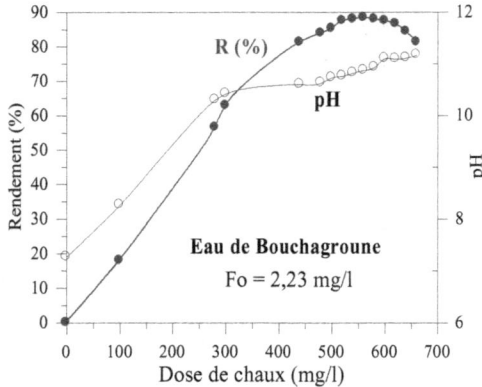

Figure 15: Evolution du rendement de défluoruration et du pH en fonction de la dose de chaux. Cas du traitement de l'eau de Bouchagroune.

En représentant sur la figure 16 l'évolution du rendement d'élimination du fluor des eaux traitées en fonction de la quantité de magnésium précipité, il parait évident que les deux phénomènes sont étroitement liés. En effet, nous pouvons constater que l'augmentation du rendement de défluoruration a lieu en même temps que celle du Mg^{2+} précipité. Toutefois, à l'optimum de rendement, il apparaît un palier correspondant à un ralentissement notable de la formation de $Mg(OH)_2$ qui pourrait être interprété par une saturation des sites d'adsorption de la magnésie, ou à une augmentation de la teneur en hydroxydes libérés par la chaux. Ceux-ci pourraient s'adsorber sur les sites de la magnésie et entrer en compétition avec les ions F^-. Ceci, en supposant que le principal mécanisme d'élimination des fluorures soit une adsorption sur $Mg(OH)_2$ (Youcef, 1998; Achour et Youcef, 2001).

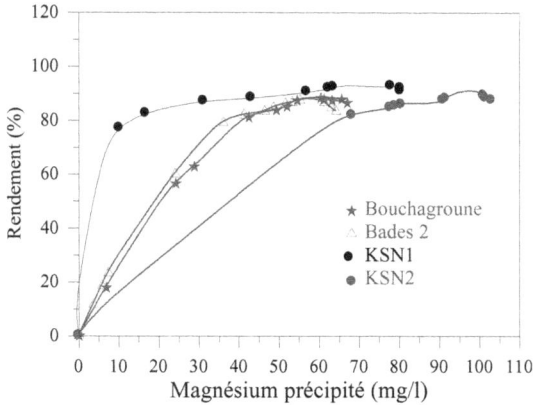

Figure 16 : Variation du rendement de défluoruration des eaux en fonction du magnésium précipité

Concernant la variation des autres paramètres de qualité, on peut dire que l'introduction de doses croissantes de chaux produit une baisse de la dureté totale ainsi que de la concentration du calcium et du magnésium et une réduction de l'alcalinité (TAC). Ceux-ci sont éliminés par la formation des précipités peu solubles $CaCO_3$ et $MgCO_3$. Le pH des solutions est devenu très basique et il y'aura présence du CO_3^{2-} et OH^- en excès et le TA devient non nul (Desjardins, 1997). La diminution des ions SO_4^{2-} peut s'expliquer par la réaction chimique suivante (Degrémont, 1989):

$$SO_4^{2-} + Ca^{2+} + 2H_2O \rightleftarrows CaSO_4 + 2H_2O$$

La précipitation des sulfates sous forme de cristaux hétérogènes est très lente. Ce qui explique les faibles rendements d'élimination des sulfates obtenus (5 % à 36 %).

67

II-4-3   Défluoruration des eaux souterraines par coagulation floculation au sulfate d'aluminium

Nous avons appliqué le procédé de coagulation floculation au sulfate d'aluminium aux mêmes eaux considérées lors du traitement à la chaux (Eaux de Bouchagroune, de KSN1, KSN2 et Bades 2).

II-4-3-1 Résultats

La figure 17 et le tableau 23 indiquent les principaux résultats obtenus au cours de ces essais.

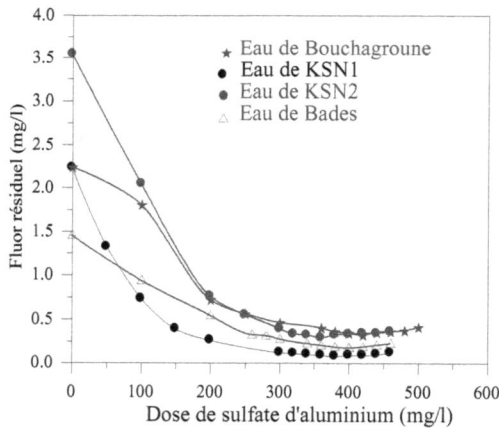

Figure 17: Effet de la dose de sulfate d'aluminium sur l'évolution du fluor résiduel des différentes eaux

68

Tableau 23 : Résultats optima de la défluoruration des eaux par la coagulation floculation au sulfate d'aluminium

	Bades 2		Bouchagroune		KSN 1		KSN 2	
	Brute	Traitée	Brute	Traitée	Brute	Traitée	Brute	Traitée
$Al_2(SO_4)_3,18H_2O$ (mg/l)	0	400	0	420	0	380	0	360
Fluor résiduel (mg/l)	1,45	0,17	2,23	0,32	2,23	0,08	3,54	0,29
Rendement (%)	0	88,28	0	85,65	0	96,41	0	91,81
pH	7,27	5,98	7,27	5,66	7,71	5,83	7,21	5,98
TH (°F)	186	175	208	198	222	216	247	230
Mg^{2+} (mg/l)	151	144	115	104	259	251	241	214
Ca^{2+} (mg/l)	492	460	640	618	456	446	586	563
TAC (°F)	19	6	17,6	4,8	16	6,2	14	6,4
TA (°F)	0	0	0	0	0	0	0	0
SO_4^{2-} (mg/l)	1030	1160	1330	1430	1000	1170	2000	4200
Al^{3+} (mg/l)	0	0,33	0	0,51	0	0,2	0	0,11

Tout comme pour les solutions synthétiques de NaF ainsi que pour les eaux traitées par la chaux, les teneurs résiduelles en fluor à l'optimum de défluoruration sont largement inférieures aux normes pour les quatre eaux traitées (eau de Bouchagroune: 0,32 mg/l;   Bades2: 0,17 mg/l;   KSN1: 0,08 mg/l; KSN2: 0,29 mg/l). Ce traitement a nécessité des doses élevées de coagulant allant de 360 à 420 mg/l.

Les autres paramètres de qualité tels que le pH, le TAC et le TH diminuent progressivement. Par contre, les ions SO_4^{2-} et Al^{3+} subissent une augmentation non négligeable. Pour ce qui est de l'Al^{3+} et à l'optimum de défluoruration (Tableau 23), nous avons obtenu des valeurs dépassant 0,2 mg/l (norme de l'OMS) sauf pour l'eau de KSN 2.

II-4-3-2 Discussion

L'abattement de la teneur initiale en fluor des eaux traitées à doses croissantes de sulfate d'aluminium, peut être attribué à la formation du précipité peu soluble $Al(OH)_3$ suite aux réactions d'hydrolyse du sel d'aluminium qui sont accompagnées par une baisse du pH. Ce précipité contribue à la rétention des ions fluorures. Les pH optima de traitement de ces eaux varient entre 5,66 et 5,98, ceux–ci correspondant à la gamme de pH de formation et de prédominance de l'hydroxyde d'aluminium.

De la même manière que dans le cas de la défluoruration par précipitation chimique à la chaux, nous avons essayé d'exploiter nos résultats selon des isothermes de Langmuir et de Freundlich en admettant que la masse de l'adsorbant (m) est la quantité de Al^{3+} rajoutée à la solution sous forme de $Al_2(SO_4)_3$, 18 H_2O. Les résultats de calcul sont regroupés dans le tableau 24. Nous constatons que les deux lois d'adsorption sont bien suivies et que la capacité maximale d'adsorption q_m de Langmuir et les coefficients k et n de Freundlich varient dans le même sens que le rendement optimal de défluoruration.

Tableau 24: Paramètres relatifs aux isothermes de Langmuir et de Freundlich

Eaux	Langmuir			Freundlich			Rendement de défluoruration (%)
	b (l/mg)	q_m (mg/g)	Corrélation (%)	n	k	Corrélation (%)	
KSN1	5,23	228,41	99,02	2,34	210,92	99,29	96,41
KSN2	3,64	221,04	97,49	3,79	164,8	88,39	91,81
Bades 2	1,32	209,92	98,42	1,40	137,8	99,31	88,27
Bouchagroune	1,16	205,24	99,39	1,73	110,2	98,69	85,65

La baisse de TH, Ca^{2+} et Mg^{2+} est due au fait que ces ions ont pu former des ponts interparticulaires. L'augmentation de la teneur initiale des ions sulfates est due à l'introduction de fortes doses du sel d'aluminium ($Al_2(SO_4)_3$, 18 H_2O). Cette augmentation n'est pas admissible pour le traitement des eaux déjà chargées en cet ion. C'est le cas de la plupart des eaux souterraines fluorées du sud algérien.

Les teneurs en Al^{3+} dépassant 0,2 mg/l sont obtenues suites à la dissolution du sel d'aluminium à pH acide. Afin d'éviter le problème de l'augmentation sensible des ions sulfates et Al^{3+}, on pourrait limiter le traitement à de faibles doses de sulfate d'aluminium par rapport à celles considérées comme optimales pour toutes les eaux. Nous pouvons en effet suggérer cela en constatant qu'à doses moins élevées (entre 100 et 250 mg/l) de sulfate d'aluminium pour toutes les eaux traitées, on a pu atteindre des teneurs résiduelles en fluor conformes aux normes de l'OMS (entre 0,6 et 0,8 mg/l).

II-4-4 Comparaison entre les deux procédés de défluoruration

En comparant les résultats de défluoruration pour chaque eau par précipitation chimique à la chaux et par coagulation floculation au sulfate d'aluminium, nous constatons que:

• Les rendements de défluoruration obtenus par la sulfate d'aluminium sont légèrement supérieurs à ceux obtenus par précipitation chimique à la chaux pour toutes les eaux naturellement fluorées sauf dans le cas des eaux de Bouchagroune. Ceci est à rapprocher des différences de la qualité physico-chimique de l'eau avant traitement. De plus, les rendements de défluoruration par la chaux augmentent globalement avec l'augmentation de la teneur initiale en Mg^{2+} (Tableau 25).

Tableau 25 : Comparaison des rendements de défluoruration par la chaux et par le sulfate d'aluminium.

Eaux	Teneur initiale en fluor (mg/l)	Teneur initiale en Mg^{2+} (mg/l)	Chaux	Sulfate d'aluminium
			Rendement (%)	Rendement (%)
KSN1	2,23	259	92,82	96,41
KSN2	3,54	241	89,27	91,81
Bouchagroune	2,23	115	88,34	85,65
Bades 2	1,45	151	87,59	88,28

Parallèlement aux mesures du fluor résiduel, nous avons suivi l'évolution de certains paramètres de qualité d'eau en fin de traitement. Il en ressort que:

• La défluoruration au sulfate d'aluminium conduit à une baisse sensible du pH de l'eau après traitement, contrairement à ce qui se produit lors de l'utilisation de la chaux qui est une base. Cependant, en fin de traitement, un ajustement du pH est nécessaire afin de la ramener dans la gamme de pH admissible (6,5 à 8,5), aussi bien pour la coagulation floculation que pour la précipitation chimique à la chaux.

- La dureté de l'eau brute peut être diminuée par utilisation des deux procédés mais d'une façon plus marquée lors de la précipitation chimique à la chaux. Ceci, du fait que ce dernier réactif a une action directe sur la précipitation partielle ou totale des ions Ca^{2+} et Mg^{2+} sous forme de $CaCO_3$ et $Mg(OH)_2$. Par contre, lors de l'utilisation du sulfate d'aluminium, la baisse du TH laisse suggérer que les cations Ca^{2+} et Mg^{2+} ont pu former des ponts intraparticulaires. L'élimination partielle de la dureté totale de l'eau brute est un point favorable pour les eaux de la région d'étude.

- Le TAC est un autre paramètre chimique influencé par les deux traitements. Les deux réactifs agissent sur les bicarbonates présents dans l'eau et il se produit une diminution continuelle du TAC à dose croissante des deux réactifs défluorants. Toutefois, à une certaine dose de chaux il se produit (contrairement à l'utilisation du sulfate d'aluminium) une réaugmentation du TAC, due aux ions OH^- provenant du $Ca(OH)_2$.

- L'ajout de doses croissantes de sulfate d'aluminium provoque une augmentation des teneurs en sulfates en solution, après défluoruration suite à la dissolution du produit introduit à fortes doses (360 à 420 mg/l). Ce qui n'est pas favorable pour les eaux du sud algérien déjà chargées en cet élément. Par contre, au cours de la défluoruration à la chaux, la légère diminution des ions SO_4^{2-} peut s'expliquer par la formation du précipité $CaSO_4$.

- Lors de l'utilisation du sulfate d'aluminium, on a remarqué à l'optimum de défluoruration et pour toutes les eaux, une augmentation de la teneur des ions Al^{3+} qui dépasse parfois 0,2 mg/l (Norme de l'OMS) (Eau de KSN1 (0,2 mg/l) ; Eau de KSN2 (0,11 mg/l) ; Eau de Bades 2 (0,33 mg/l) ; Eau de Bouchagroune (0,51 mg/l)).

De tout ce qui précède, il apparaît une certaine similitude entre les deux procédés de défluoruration, tant dans leur mise en œuvre que dans les rendements de défluoruration obtenus. Toutefois, nous pouvons dire que la précipitation chimique à la chaux peut être le procédé de choix surtout pour les eaux du Sahara septentrional (moyennement chargées en fluor et contenant de fortes teneurs en magnésium). De plus, en fin de traitement à la chaux la qualité des eaux n'est pas dégradée contrairement au traitement au sulfate d'aluminium (augmentation notable des ions sulfates et aluminium). A cela s'ajoute le prix de la chaux qui est moins élevé que celui du sulfate d'aluminium. Bien que la précipitation chimique à la chaux conduise à une augmentation du pH et à une production en fin de traitement de grands volumes de boues.

II-5 Conclusion

Au cours de cette étape de notre étude, les analyses physico-chimiques des échantillons d'eau de forages prélevés dans la wilaya de Biskra, ont montré que le taux de fluor dépasse largement les normes de l'OMS et les autres paramètres physico-chimiques indiquent une qualité médiocre de l'eau destinée à la consommation.

L'importance de quelques paramètres expérimentaux a été mise en évidence lors des essais de précipitation chimique à la chaux et de la coagulation floculation au sulfate d'aluminium. Nous avons pu alors aboutir aux conclusions suivantes :

• Sur solutions synthétiques d'eau de Drauh dopée en NaF, les rendements de défluoruration étaient fortement dépendants de la teneur initiale en fluor. Ces deux procédés devenaient peu intéressants pour de fortes teneurs en fluor dépassant globalement 5 à 6 mg/l, vue la nécessité d'une grande quantité de réactifs et l'obtention de teneurs résiduelles en fluor non conformes aux normes de l'OMS. Ces deux procédés de défluoruration entraînent également une baisse de la dureté de l'alcalinité (TAC) et une variation du pH.

Dans le cas de la précipitation chimique à la chaux, une augmentation notable du pH permet la précipitation de magnésium sous forme de magnésie, lorsque cet élément est présent en quantité suffisante en solution. Les rendements de défluoruration s'améliorent alors en fonction de teneurs croissantes en magnésium. Le mécanisme prédominant pour la réduction des ions fluor serait une adsorption sur les sites de l'hydroxyde de magnésium formé.

Par ailleurs, l'étude de la défluoruration par coagulation floculation au sulfate d'aluminium a permis de montrer que le procédé pouvait aboutir à de bons rendements d'élimination du fluor, souvent comparables ou même meilleurs que ceux de la précipitation chimique à la chaux. Conformément aux données bibliographiques et à nos études précédentes, nos essais ont montré que cela nécessite de fortes doses de réactifs entraînant, lors de l'hydrolyse du sulfate d'aluminium, une baisse du pH jusqu'à des valeurs voisines de 6. Dans ce cas de traitement, le phénomène prédominant et responsable de l'élimination des fluorures est l'adsorption sur l'hydroxyde d'aluminium $(Al(OH)_3)$ formé.

• En appliquant chacun des deux traitements à des eaux souterraines naturellement fluorées, nous avons pu confirmer les résultats obtenus sur solutions synthétiques. Certaines similitudes sont apparues dans la mise en œuvre des deux procédés (phase d'agitation, décantation,…). Les résultats ont par ailleurs mis en évidence des rendements d'élimination du fluor assez voisins. Toutefois, on a pu admettre que la précipitation chimique à la chaux pouvait être particulièrement adaptée et économique pour les eaux moyennement chargées en fluor et fortement chargées en magnésium. Par ailleurs, le sulfate d'aluminium présente l'inconvénient d'augmenter notablement la teneur finale des eaux en sulfates, voire en aluminium. Une contrainte de taille est liée également à la nécessité d'importer le sulfate d'aluminium à un coût prohibitif, comparé à la chaux largement disponible en Algérie.

Chapitre III : Elimination des fluorures des eaux de boisson par adsorption sur bentonite

III - 1 Introduction

Les bentonites sont des argiles dans lesquelles prédominent les minéraux du type montmorillonite. Les couches tétraédriques (Te) de silicate alternent avec des couches octaédriques (Oc) constituées d'anions (oxygène et hydroxyle). Les substitutions ioniques isomorphes sont à l'origine d'un excès de charges négatives à la périphérie du cristal (Grim, 1968).

En Algérie, les gisements de bentonite les plus importants se trouvent dans l'Ouest algérien. On peut citer en particulier la carrière de Maghnia (Hammam Boughrara) dont les réserves sont estimées à un million de tonnes (Abdelouahab et al., 1987).

La bentonite est utilisée dans le domaine du traitement des eaux pour améliorer la coagulation d'eaux fortement chargées, surtout lorsque l'objectif majeur est la décoloration de l'eau et éventuellement l'élimination de métaux lourds (Cousin, 1980; Masschelein, 1996). Elle a été également testée pour l'élimination du fluor (Boruff, 1934 ; Kau et al., 1998). De ce fait, il nous a semblé intéressant d'utiliser, au cours de notre étude, ces bentonites comme matériau adsorbant pour la défluoruration des eaux du sud algérien. Par ailleurs, une étude préliminaire (Youcef,1998) nous avait déjà permis d'observer que la bentonite de Mostaghanem pouvait fixer le fluor d'eaux souterraines du sud algérien.

Dans ce chapitre, nous allons présenter les résultats d'utilisation de deux argiles bentonitiques, celles de Maghnia et de Mostaghanem, comme matériau adsorbant. Nous testerons l'efficacité de rétention du fluor par adsorption sur ces argiles à l'état brut puis traitées chimiquement. Dans un premier temps, il s'agit de déterminer les conditions optimales d'utilisation des deux bentonites sur des solutions synthétiques de fluorure de sodium. Différents paramètres réactionnels pourront alors être variés : Cinétique d'adsorption, masse de bentonite, rapport et temps d'activation, pH de traitement et la teneur initiale en fluor. La seconde étape a pour but de vérifier l'efficacité du procédé d'adsorption sur des eaux naturellement chargées en fluor et dont la teneur initiale en F⁻ varie de 1,5 à 2,29 mg/l. Les eaux traitées sont des eaux de forage provenant de la région de Biskra.

III-2 Procédure expérimentale

III-2-1 Méthodes de dosage

Le suivi de l'ensemble des paramètres physico-chimiques des solutions aqueuses, avant et après traitement, a été effectué selon les techniques standard d'analyse (Cf. Chapitre II). Les paramètres considérés ont été le pH, TH, TAC, Ca^{2+}, Mg^{2+}, SO_4^{2-}, Cl⁻, la conductivité et également le fluor.

III-2-2 Solutions synthétiques de NaF

Nous avons préparé une solution mère de fluorure de sodium à 100 mg F⁻ / litre d'eau. Cette solution a été utilisée pour la préparation des solutions synthétiques d'eau distillée et des solutions étalons.

III-2-3 Eaux souterraines

Les eaux souterraines que nous avons utilisées afin d'étudier l'effet de la minéralisation totale sur l'adsorption sur bentonites sont des eaux moyennement fluorées comme le montre le tableau 26 (extrait du tableau 17 , chapitre II).

Tableau 26 : Caractéristiques physico-chimiques des eaux fluorées testées

Point d'eau	pH	Conductivité (mS/cm)	TAC (°F)	TH (°F)	Ca^{2+} (mg/l)	Mg^{2+} (mg/l)	Cl⁻ (mg/l)	SO_4^{2-} (mg/l)	F⁻ (mg/l)
Jardin London (Biskra ville)	7,55	5,69	22	71	208	46	1076	925	1,50
Sidi khelil	7,65	1,33	18	86	218	76	135	580	2,29
Chaïba	7,84	1,45	17	72	155	80	188	415	1,96

III-2-4 Caractéristiques des bentonites testées

Les argiles que nous avons utilisées sont des bentonites riches en montmorillonite et provenant du Nord-Ouest de l'Algérie. La première bentonite provient du gisement de M'Zila (Mostagahnem). C'est une bentonite de couleur gris clair, légèrement bleuâtre à l'état sec et verdâtre à l'état humide. La seconde bentonite provient du gisement de Hammam Boughrara (Maghnia). C'est une bentonite de couleur blanche. Les tableaux 27 et 28 présentent quelques caractéristiques de ces bentonites.

Tableau 27 : Caractéristiques physico-chimiques des bentonites testées (Seghaïri, 1998)

	Surface spécifique (m^2/g)	Cations échangeables (méq/100g)				pH
		Ca^{2+}	Mg^{2+}	Na^+	K^+	
Bentonite de Mostaghanem	65	46,7	8,1	7,8	6	9,1
Bentonite de Maghnia	80	30,6	12,8	36,2	9,5	6,2

Tableau 28 : Composition chimique des bentonites testées (Bendjama, 1982)

	Composition chimique (en %)	
	Bentonite de Maghnia	Bentonite de Mostaghanem
SiO_2	58,61	64,63
Al_2O_3	21,18	14,35
Fe_2O_3	2,22	3,44
CaO	1,23	4,02
MgO	5,33	3,35
K_2O	1,05	1,01

On constate d'après les deux tableaux précédents que la bentonite de Mostaghanem est calcique, de pH basique (9,1) tandis que la bentonite de Maghnia est sodique, de pH légèrement acide (6,2). Les oxydes prédominants dans la structure des deux bentonites sont SiO_2 et Al_2O_3.

III-2-5 Activation de la bentonite

Pour améliorer les propriétés sorptionnelles de la bentonite, nous avons utilisé un procédé d'activation par attaque acide. Le choix de ce mode d'activation a été fixé par les résultats de certaines données de travaux antérieurs (Bendjema, 1982; Gonzalez Pradas et al., 1994; Seghairi et al., 2004).

L'activation chimique des deux bentonites est réalisée selon les étapes suivantes (Bendjama, 1982): Dans un réacteur de 500 cm^3, muni d'un réfrigérant et d'un thermomètre, on introduit la bentonite broyée et séchée puis la solution d'acide sulfurique à 10 %. Le mélange est alors chauffé jusqu'à environ 100 °C, température que l'on maintient constante durant tout le processus d'activation au moyen d'un bain marie. L'activation chimique est maintenue sous agitation constante. La bentonite activée est par la suite filtrée puis lavée par de l'eau distillée. Le lavage est terminé lorsque le filtrat ne donne plus de réaction des sulfates avec le chlorure de baryum. La bentonite est alors séchée à 105 °C - 110 °C, puis broyée et tamisée.

Nous avons ensuite procédé à la détermination des conditions optimales d'activation chimique des deux bentonites. Nous avons donc expérimenté des rapports massiques acide/bentonite (Rap) égaux à 0,2 et 0,6. Chaque rapport massique a été testé pour les temps d'activation (Ta) suivants : 15 min, 1h, 3h, et 6 heures.

III-2-6 Description des essais d'adsorption

Les essais d'adsorption sur les bentonites brutes ou activées ont été réalisés en batch en utilisant des béchers en matière plastique de 500 ml et en agitant les solutions sur des agitateurs magnétiques. Chaque échantillon prélevé est filtré sous vide à l'aide d'une membrane à 0,45 µm de porosité. Nous relevons ensuite le pH final et la teneur résiduelle en ion F$^-$.

Au cours de nos essais, différents paramètres réactionnels ont été variés. L'influence de la masse de bentonite (2 à 10 g/l), le temps d'agitation (10 min à 6 heures), le taux et le temps d'activation (Ta) des deux bentonites, l'effet de la teneur initiale en fluor (2 à 10 mg/l) et du pH (4, 7 et 9), ceci sur solutions synthétiques d'eau distillée dopée en F⁻. Les essais d'adsorption du fluor sur bentonite ont été également appliqués sur trois eaux souterraines naturellement fluorées de la région de Biskra (Eaux de forages de : Jardin London à Biskra ville, Sidi Khelil et Chaïba) afin de tester l'effet de la minéralisation totale sur l'efficacité du traitement.

III-3 Résultats des essais d'élimination du fluor sur bentonites brutes et activées

Nous avons suivi les cinétiques des réactions pour une teneur initiale constante en fluor (4 mg/l) et pour des masses variables de bentonites (2, 4, 6, 8, 10 g/l). Le suivi de la teneur résiduelle en fluor et du pH a été effectué à la fois en fonction du temps d'agitation et en fonction de la dose de bentonite. Nous avons testé le cas des deux bentonites brutes et activées pendant 15 minutes, 1 heure, 3heures et 6 heures, pour un rapport acide/ bentonite égal à 0,2 puis 0,6.

III-3-1 Adsorption du fluor sur les bentonites brutes

D'après les résultats présentés sur la figure 18, nous pouvons constater que les rendements de défluoruration varient avec la masse de bentonite introduite et que la cinétique de fixation du fluor sur les bentonites peut atteindre l'équilibre après 3 heures d'agitation quelque soit le type de bentonite que nous avons étudié et pour toutes les doses d'adsorbants testées. Au-delà, la teneur résiduelle en fluor reste pratiquement stable.

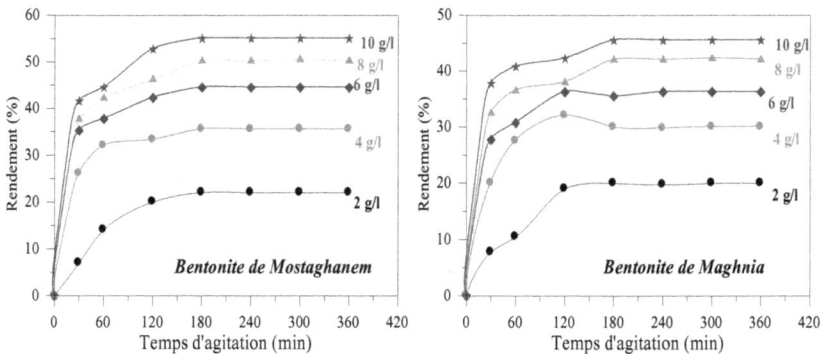

Figure 18 : Evolution des rendements d'élimination du fluor (Fo = 4 mg/l) en fonction du temps d'agitation pour différentes doses de bentonites

Le mécanisme d'échange d'ions où les ions F⁻ sont échangés avec les ions OH⁻ contenus dans la structure de l'argile, peut généralement être considéré comme l'étape déterminante dans le processus d'adsorption sur les bentonites brutes. D'après Cousin (1980), la seule possibilité d'échange d'anions en utilisant les argiles serait le remplacement dans la structure de l'argile des ions hydroxyles par d'autres anions. Or, ces ions OH⁻ sont situés à l'intérieur des feuillets et seuls de petits ions de rayons ioniques similaires à OH⁻ pourraient théoriquement y pénétrer, ce serait le cas de F⁻.

L'élévation du pH observée au cours de nos essais, pour des doses croissantes en bentonite (Tableau 29), confirme que des OH⁻ ont été relargués en solution. Le tableau 32 montre à titre d'exemple, cette évolution du pH pour des doses variables de bentonites allant de 2 g/l à 10 g/l et à l'équilibre (3 heures d'agitation). Cette augmentation du pH jusqu'à des valeurs dépassant 9 et 10 pourrait également contribuer à l'élimination du fluor par combinaison des F⁻ avec le calcium échangeable et précipitation de CaF_2. Bar Yosef (1988) aurait aussi détecté la présence de CaF_2 dans la solution par la diffraction aux rayons X (DRX) lors de la défluoruration d'une solution synthétique de fluor par une bentonite calcique. Ce qui explique le fait que la bentonite calcique de Mostaghanem à l'état brut ait donné de meilleurs rendements de défluoruration que la bentonite sodique de Maghnia.

Tableau 29 : Evolution du pH en fonction de la dose de bentonite (après 3 heures d'agitation)

	Dose de bentonite (g/l)	2	4	6	8	10
pH	Bentonite de Maghnia	7,96	8,02	8,67	9,25	9,34
	Bentonite de Mostaghanem	8,68	9,23	9,68	9,86	10,04

Selon Kau et al.(1997), le processus est défini comme une réaction d'équilibre dans le cas de l'élimination du fluor par la kaolinite. On peut adopter la même réaction entre les ions fluor et la   bentonite et on pourrait alors écrire:

$$n \text{ (bentonite-OH)}_{(s)} + nF^{n-}_{(aq)} \rightleftarrows n \text{ (bentonite-F)}_{(s)} + n \text{ OH}^{n-}_{(aq)}$$

On peut constater également sur la figure 21 que le processus de rétention du fluor se déroule en deux étapes assez distinctes :

• Au cours de la première étape, il y'à une augmentation du rendement d'élimination jusqu'à environ 1 heure. Ceci correspondrait à une fixation du fluor à la surface de l'argile.

• La deuxième étape montre une augmentation lente du rendement jusqu'au temps d'équilibre (3 heures), caractéristique d'un processus de diffusion à travers les feuillets de la bentonite.

III-3-2 Adsorption du fluor sur les bentonites activées

A titre d'exemple, nous présentons l'évolution du fluor sur les deux bentonites activées à un rapport massique (Rap) égal à 0,2 sur les figures 19 et 20. Comme dans le cas de l'utilisation des bentonites brutes, les courbes obtenues montrent que le processus de rétention du fluor se déroule globalement en deux étapes :

• Une étape assez rapide qui se prolonge jusqu'à 1 heure de rétention.

• Une étape plus lente qui se prolonge jusqu'au temps d'équilibre, soit 3 heures

De même, quelque soit le temps ou le taux ou le rapport d'activation, les rendements d'élimination du fluor augmentent avec l'augmentation de la masse de bentonite. Ceci est confirmé par les résultats récapitulés sur le tableau 30 à l'équilibre d'adsorption. Ces résultats permettent également de montrer que l'activation à un rapport massique (Rap) égal à 0,2 est plus efficace qu'à un rapport (Rap) égal à 0,6 quel que soit le type de la bentonite étudié.

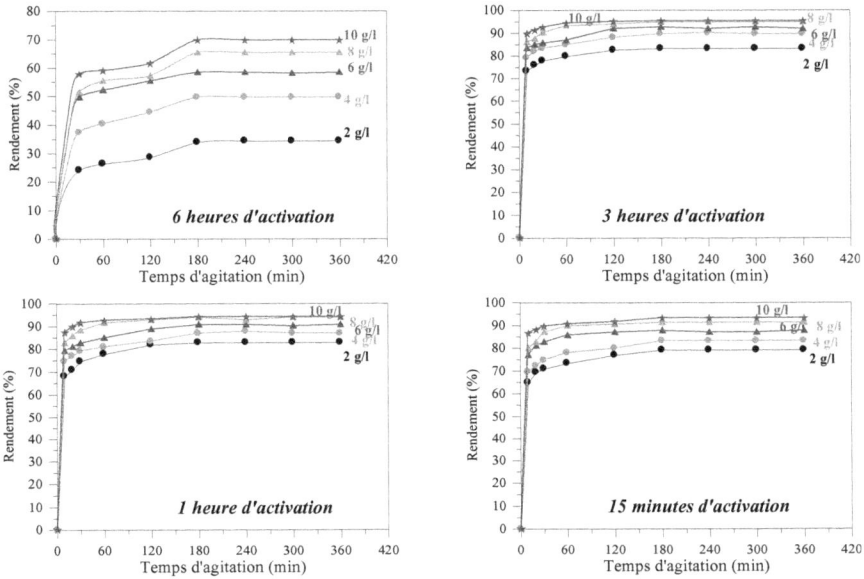

Figure 19 : Evolution des rendements d'élimination du fluor (Fo = 4 mg/l) en fonction du temps d'agitation pour différentes doses de la bentonite activée de Maghnia
(H_2SO_4 / bentonite = 0,2)

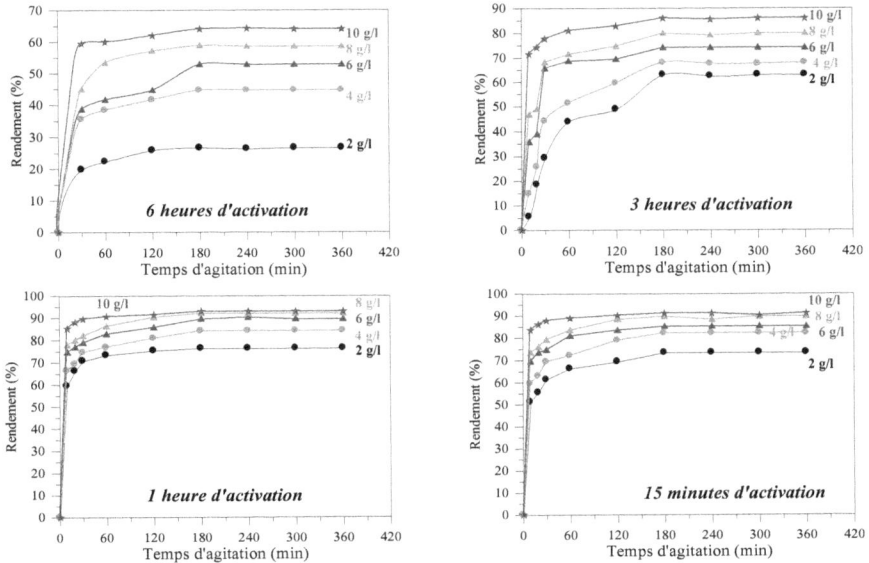

Figure 20 : Evolution des rendements d'élimination du fluor (Fo = 4 mg/l) en fonction du temps d'agitation pour différentes doses de la bentonite activée de Mostaghanem
(H_2SO_4 / bentonite = 0,2)

Tableau 30: Evolution du rendement de défluoruration en fonction de la dose de la bentonite activée (Fo = 4 mg/l; Temps d'agitation = 3 heures)

Dose de bentonite (g/l)		2	4	6	8	10
Rap = 0,6	**Maghnia, 15 minutes d'activation**	75,75	82,25	86,75	90,00	91,25
	Mostaghanem, 15 minutes d'activation	72,25	80,75	84,75	87,50	90,00
Rap = 0,2	**Maghnia, 3 heures d'activation**	83,25	89,5	92,50	94,75	95,25
	Mostaghanem,1 heure d'activation	76,25	84,00	89,25	91,75	92,75

En mesurant le pH des suspensions argileuses contenant des quantités croissantes de bentonites activées (Tableau 31), nous avons pu constater que, contrairement aux bentonites brutes (Tableau 29), lorsque la concentration en argile augmente le pH des suspensions diminue.

Tableau 31 : Evolution du pH en fonction de la dose de bentonite activée (Temps d'agitation = 3 heures)

Dose de bentonite (g/l)		2	4	6	8	10
Rap = 0,6	**Maghnia, 15 minutes d'activation**	3,78	3,56	3,11	3,09	2,96
	Mostaghanem, 15 minutes d'activation	4,07	3,58	3,21	3,14	3,06
Rap = 0,2	**Maghnia, 3 heures d'activation**	3,67	3,49	3,00	2,92	2,76
	Mostaghanem,1 heure d'activation	3,80	3,52	3,08	2,98	2,85

Il semble donc que l'augmentation de la dose de bentonite provoque une augmentation de l'acidité du milieu. D'après Lindsay (1979), l'acidité du milieu facilite la formation de complexes alumino-fluorés. Dans les argiles alumino-silicatées, une augmentation de l'acidité favorise le relargeage des ions aluminium et des ions silicates de la matrice argileuse; ceux-ci peuvent former des sels avec le fluor comme le montrent les réactions suivantes:

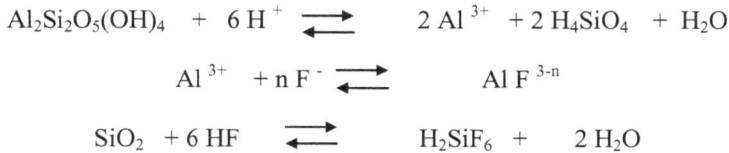

$$Al_2Si_2O_5(OH)_4 \; + \; 6 \, H^+ \; \rightleftharpoons \; 2 \, Al^{3+} \; + 2 \, H_4SiO_4 \; + \; H_2O$$

$$Al^{3+} \; + n \, F^- \; \rightleftharpoons \; Al \, F^{3-n}$$

$$SiO_2 \; + 6 \, HF \; \rightleftharpoons \; H_2SiF_6 \; + \; 2 \, H_2O$$

Selon Gonzalez Pradas et al.(1994), le traitement acide de la bentonite neutralise une partie de la charge négative de la surface de l'argile et devient chargée positivement. Ceci rend plus facile la réaction avec les ions chargés négativement tel que F^-.

Kau et al.(1997) ont signalé que la bentonite brute possède un pouvoir d'adsorption irréversible, si l'on prolonge le temps de contact après l'équilibre, compte tenu de la précipitation des ions F^- sous forme de CaF_2. Cette constatation pourrait expliquer probablement la stabilité du rendement de défluoruration que nous avons observé à partir de 3 heures de contact entre les solutions fluorées et la bentonite. Cependant, ce mécanisme n'est pas nécessairement prédominant du fait qu'un phénomène de diffusion entre les feuillets de l'argile peut aussi expliquer les résultats observés.

III-4 Récapitulatif des conditions optimales d'activation des bentonites

En se basant sur les résultats précédents, nous représentons sur la figure 21 la variation du rendement d'élimination du fluor à l'équilibre en fonction de la dose de bentonite utilisée. Nous présentons les résultats obtenus dans le cas des bentonites brutes et activées. Pour des taux d'activation acide / bentonite de 0,2 et 0,6, nous avons adopté les temps d'activation des deux argiles variant de 15 minutes à 6 heures.

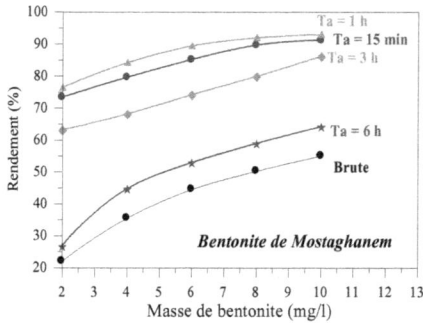

a) (H$_2$SO$_4$ / bentonite) = 0,2   b) (H$_2$SO$_4$ / bentonite) = 0,6

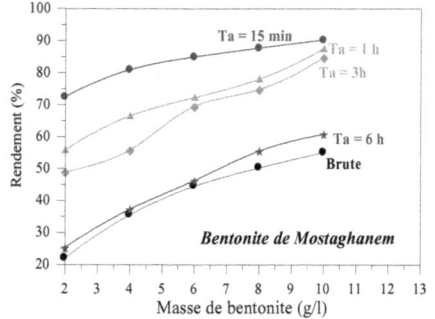

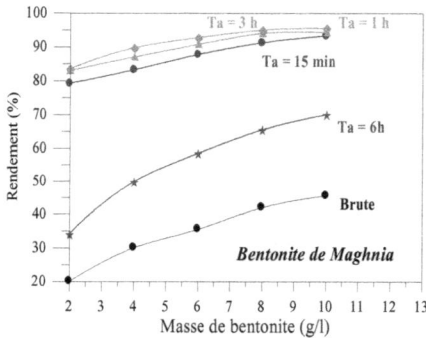

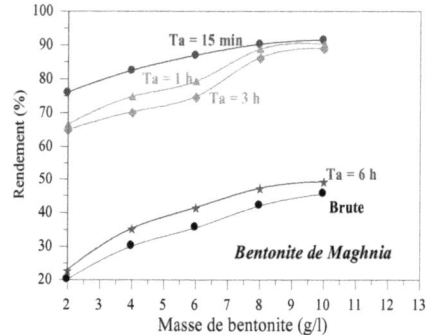

c) (H$_2$SO$_4$ / bentonite) = 0,2   d) (H$_2$SO$_4$ / bentonite) = 0,6

Figure 21 : Rendements d'élimination du fluor (Fo = 4 mg/l) en fonction de la dose de bentonite pour différents taux et temps d'activation

Si l'on compare les rendements obtenus dans le cas des bentonites brutes, on constate qu'ils sont plus élevés lors du traitement par la bentonite calcique de Mostaghanem que par la bentonite de Maghnia. D'après les résultats présentés sur la figure 27, nous pouvons constater que l'activation chimique améliore les rendements de défluoruration. Il est également évident que ces rendements varient avec la dose de bentonite mise en jeu ainsi qu'avec le taux et le temps d'activation. Pour les deux bentonites activées avec un rapport massique de 0,6, l'évolution du rendement R (%) varie selon le temps d'activation dans l'ordre suivant :

R (%) : 15 min > 1h > 3h > 6 h > bentonite brute.

Dans le cas d'une activation avec un rapport massique égal à 0,2, cet ordre varie selon le type de bentonite. Ainsi, dans le cas de la bentonite de Mostaghanem, les meilleurs rendements sont obtenus pour 1 heure d'activation. Nous observons l'ordre :

$$R\,(\%) : 1\ h > 15\ min > 3\ h > 6\ h > bentonite\ brute$$

Par contre, dans le cas de la bentonite de Maghnia, les rendements évoluent selon:

$$R\,(\%) : 3\ h > 1h > 15\ min > 6\ h > bentonite\ brute$$

Le tableau 32 récapitule les différents résultats et montre que la bentonite de Maghnia activée pendant 3 heures, à un rapport massique égal à 0,2 a permis d'aboutir aux meilleurs rendements.

Tableau 32 : Comparaison des rendements optima pour les bentonites brutes est activées en eau distillée (Fo = 4 mg/l)

Dose de bentonite (g/l)			2	4	6	8	10
Rendement (%)	Bentonite de Maghnia	Brute	20	30	35,5	42	45,5
		Ta = 15 min (H_2SO_4 / bentonite) = 0,6	75,75	82,25	86,75	90	91,25
		Ta = 3 h (H_2SO_4 / bentonite) = 0,2	83,25	89,5	92,5	94,75	95,25
	Bentonite de Mostaghanem	Brute	22	35,5	44,5	50,25	55
		Ta = 15 min (H_2SO_4 / bentonite) = 0,6	72,25	80,75	84,75	87,5	90
		Ta = 1 h (H_2SO_4 / bentonite) = 0,2	76,25	84	89,25	91,75	92,75

Bendjema (1982), admet que l'attaque acide provoque la réorganisation du réseau cristallin de la montmorillonite. La même constatation a été faite pour les smectites (Valenzuela-Diaz et Souza- Santos, 2001). Il se forme alors un grand vide et les valences des ions qui s'y trouvent deviennent insaturées et acquièrent, par voie de conséquence, la tendance de fixer d'autres particules. L'activation acide permet l'apparition de sites positifs à la surface de l'argile (Puka, 2004) ce qui facilite l'attraction des ions négatifs tel que F⁻.

La formation de complexes alumino fluorés dans le cas du traitement avec la bentonite de Maghnia serait plus grande du fait qu'elle contient dans sa composition chimique plus de Al_2O_3 (21,18 %) que dans le cas de la bentonite de Mostaghanem (14,35 %). Ceci explique probablement le meilleur rendement de défluoruration obtenu par la bentonite activée de Maghnia.

Il faut remarquer qu'un excès d'acide sulfurique (Gonzalez Pradas, 1994), une longue durée, un rapport massique des deux phases élevé détruisent l'activité des bentonites (Bendjama, 1982; Valenzuela-Diaz et Souza- Santos, 2001).

III-5 Isothermes d'adsorption du fluor

L'exploitation des isothermes d'adsorption dans les différents cas étudiés et décrite par les lois de Freundlich et Langmuir est présentée sur la figure 22 et le tableau 33.

Cette exploitation a été réalisée en considérant une concentration initiale en fluor égale à 4 mg/l et des doses de bentonites variables (2 à 10 g/l). Les bentonites prises en considération sont les deux bentonites brutes et activées pour un rapports acide / bentonite égal à 0,6 et 0,2. Les temps d'activation choisis sont ceux considérés comme optima (Cf. tableau 33).

Rappelons que ces lois s'expriment sous leur forme linéarisée par :

- Loi de Freundlich : $\log \dfrac{x}{m} = \log k + \dfrac{1}{n} \log C_e$

- Loi de Langmuir : $\dfrac{m}{x} = \dfrac{1}{q_m} + \dfrac{1}{q_m \times b} \times \dfrac{1}{C_e}$

  Ce : est la concentration de fluor à l'équilibre (mg/l)

x = (Co – Ce): est la quantité de fluor fixée (mg/l)

m : est la masse de bentonite.

q_m: est la capacité ultime d'adsorption (mg/g).

k, n, b : sont des constantes d'adsorption.

Les droites obtenues avec un bon coefficient de corrélation montrent que dans nos conditions expérimentales, l'adsorption du fluor en eau distillée suit les deux lois précitées d'une façon satisfaisante pour les deux types de bentonite (brute et activée). La surface des argiles est considérée comme hétérogène et tous les sites d'adsorption ne sont pas énergétiquement homogènes. Toutefois, Serpaud et al. (1994) signalent que le modèle de Langmuir peut être applicable dans le cas de sédiments argileux du fait que les conditions thermodynamiques d'établissement de ce modèle sont néanmoins réunies. Des différences de comportement semblent apparaître compte tenu de la capacité maximale d'adsorption q_m relative à chaque cas. La meilleure capacité d'adsorption est observée sur les bentonites activées de Maghnia et de Mostaghanem avec un rapport égal à 0,2, qui est respectivement de l'ordre de 9,25 et 6,59 mg/g alors qu'elle ne dépasse guère 0,26 et 1,10 mg/g respectivement pour les deux bentonite brutes. Ceci rejoint les résultats se rapportant aux rendements obtenus pour les mêmes conditions.

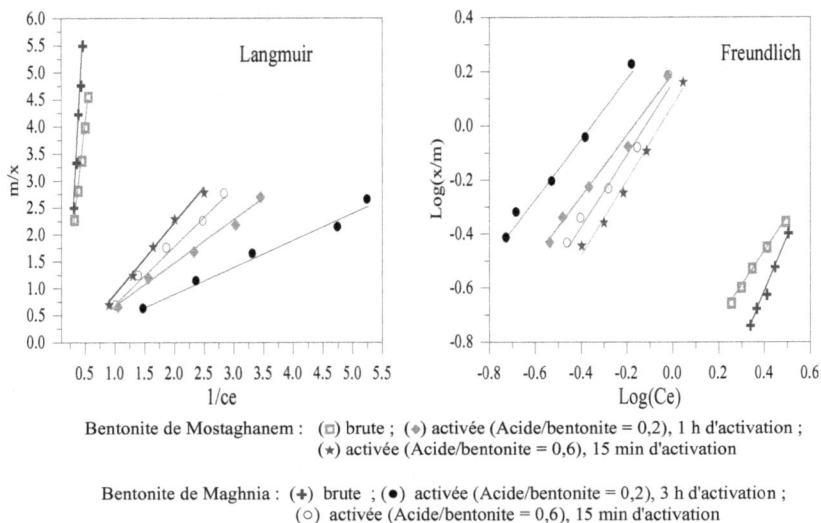

Bentonite de Mostaghanem : (□) brute ; (◆) activée (Acide/bentonite = 0,2), 1 h d'activation ;
(★) activée (Acide/bentonite = 0,6), 15 min d'activation

Bentonite de Maghnia : (✛) brute ; (●) activée (Acide/bentonite = 0,2), 3 h d'activation ;
(○) activée (Acide/bentonite = 0,6), 15 min d'activation

Figure 22 : Exploitation des résultats d'adsorption du fluor sur les bentonites brutes et activées selon les isothermes de Langmuir et de Freundlich

Tableau 33 : Constantes de Freundlich et de Langmuir pour les bentonites brutes et activées

Bentonite		Freundlich		Corrélation (%)	Langmuir		Corrélation (%)
		n	k		q_m (mg/g)	b (l/mg)	
Brute	**Maghnia**	0,49	0,04	98,46	0,26	0,19	98,80
	Mostaghanem	0,79	0,11	99,67	1,10	0,09	99,42
Rap = 0,6	**Maghnia 15 min d'activation**	0,75	1,44	97,80	2,65	0,35	98,99
	Mostaghanem 15 min d'activation	0,72	1,19	98,86	2,14	0,35	99,26
Rap = 0,2	**Maghnia 3 heures d'activation**	0,99	2,48	98,88	9,25	0,23	98,30
	Mostaghanem 1 heure d'acivation	0,88	1,53	98,80	6,59	0,19	98,96

91

III-6 Effet de la teneur initiale en fluor

Les essais sont réalisés pour des teneurs initiales en fluor variant de 2 à 10 mg/l. La dose de bentonite utilisée est de 6 g/l. Pour chaque essai, l'agitation a été maintenue pendant 3 heures (temps d'équilibre). Les bentonites ont été testées à l'état brut et activé chimiquement. Le rapport (Rap) acide/bentonite testé est égal à 0,2 pour un temps d'activation (Ta) égal à 1heure dans le cas de la bentonite de Mostaghanem et 3 heures dans le cas de la bentonite de Maghnia. Ce sont le taux et les temps d'activation considérés comme optima lors des essais précédents. Les résultats que nous avons obtenus sont présentés sur la figure 23.

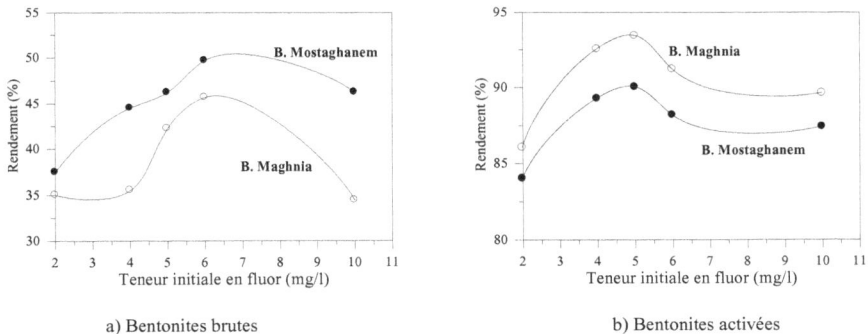

a) Bentonites brutes   b) Bentonites activées

Figure 23 : Variation du rendement d'élimination du fluor par adsorption sur bentonite en fonction de la teneur initiale en fluor

Dans le cas du traitement par les deux bentonites brutes, nous pouvons constater que les rendements s'améliorent progressivement jusqu'à une teneur initiale en fluor de 6 mg/l. Au delà, il y'a une diminution du rendement qui peut être liée à la saturation des sites d'adsorption des bentonites. Pour chaque teneur initiale en fluor testée, la bentonite de Mostaghanem aboutit à un meilleur rendement d'adsorption que la bentonite de Maghnia, ce qui rejoint les résultats obtenus précédemment.

Par contre, par le biais des deux bentonites activées (Acide /bentonite égal à 0,2) les meilleurs rendements sont obtenus à une teneur initiale en fluor de 5 mg/l.

Comme nous l'avons constaté lors des essais précédents la bentonite de Maghnia (Ta égal à 0,2) est plus efficace que tous les types de bentonites testées.

Selon ces résultats, il est devenu évident que l'élimination du fluor par adsorption sur bentonite n'est intéressante que pour les eaux moyennement chargées en fluor. Les résultats d'essais représentées dans le chapitre II ainsi que ceux de nos travaux antérieurs (Youcef, 1998; Youcef et Achour, 2001), ont aboutit à la même constatation lors de la défluoruration des eaux par précipitation chimique à la chaux ou par coagulation floculation au sulfate d'aluminium.

III - 7   Effet de la minéralisation

Après avoir constaté l'efficacité de la défluoruration des eaux par adsorption sur bentonite sur solutions synthétiques d'eau distillée, nous nous sommes proposés de vérifier l'impact de l'adsorption sur bentonite sur des eaux naturellement fluorées.

Cette étape de notre travail a été réalisée sur trois eaux souterraines de la région de Biskra, toutes destinées à l'alimentation en eau potable. Ces eaux concernent les forages de Jardin London situé à Biskra ville, de Sidi Khelil et celui de Chaiba. Leurs caractéristiques physico-chimiques ont été présentées précédemment (Cf. Tableau 26)
.

L'adsorption sur chacune des deux bentonites brutes puis activées pendant 15 min, 1h, 3h et 6 heures et avec un rapport acide/bentonite égal à 0,2 a été testée sur ces eaux. La masse de bentonite est fixée à 6g/l et le temps de la réaction d'adsorption est maintenu à 3 heures, temps d'équilibre.

Sur la figure 24, nous présentons l'évolution du rendement de défluoruration en fonction du temps d'activation des deux bentonites pour chaque eau testée. Tout comme en solutions synthétiques d'eau distillée et pour chaque eau, on peut constater que l'activation chimique des deux bentonites permet d'améliorer le rendement de défluoruration. La bentonite activée de Maghnia est plus efficace que la bentonite de Mostaghanem quel que soit le temps d'activation dans le cas de l'eau de Chaïba, par contre pour les eaux de Sidi Khelil et Jardin london, la bentonite de Maghnia devient plus efficace que celle de Mostaghanem à partir d'un temps d'activation de 3 heures.

Les rendements maxima sont obtenus à 3 heures d'activation pour la bentonite de Maghnia et à 1 heure d'activation pour la bentonite de Mostaghanem. Ces rendements augmentent dans l'ordre suivant : Jardin London< Chaïba < Sidi Khelil.

Cela peut être attribué à la qualité physico-chimique de ces eaux. Selon Puka (2004), la présence de fortes teneurs en ions Cl^- et SO_4^{2-} contribue à la diminution du rendement d'adsorption des ions F^-.

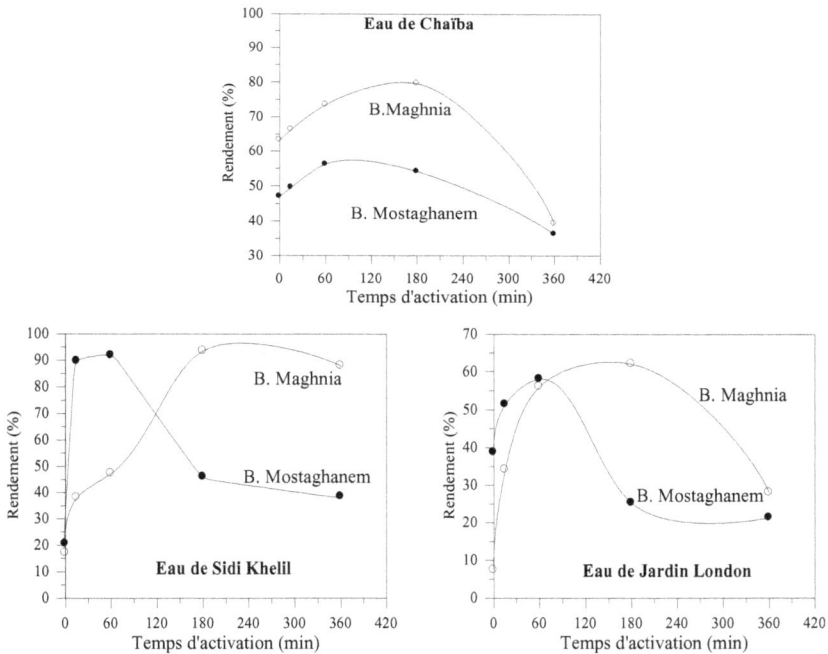

Figure 24 : Evolution du rendement de défluoruration en fonction du temps d'activation
(Rapport acide /bentonite égal à 0,2)

Sur le tableau 34, nous présentons les résultats obtenus à l'optimum de l'élimination du fluor. Ces résultats montrent que l'élimination du fluor pourrait dépendre non seulement de la teneur initiale en fluor, mais aussi de la composante minérale des eaux traitées.

Tableau 34: Résultats optima de la défluoruration d'eaux souterraines de la région de Biskra.

		Sidi Khelil Fo=2,29 mg/l conductivité = 1,33 mS/cm			Chaïba Fo=1,96 mg/l conductivité = 1,45 mS/cm			Jardin London Fo=1,50 mg/l conductivité = 5,69 mS/cm		
		Fr (mg/l)	R (%)	pH	Fr (mg/l)	R (%)	pH	Fr (mg/l)	R (%)	pH
Bentonite de de Maghnia	**Rap =0,2** 3h d'activation	0,15	93,45	4,58	0,40	79,59	4,03	0,57	62,00	4,56
	Brute	1,9	17,03	6,9	0,72	63,26	8,44	1,39	7,33	7,41
Bentonite de Mostaghanem	**Rap =0,2** 1h d'activation	0,19	91,70	7,17	0,86	56,12	6,45	0,66	56,00	7,73
	Brute	1,82	20,52	8,26	1,04	46,94	8,65	0,92	38,67	7,85

Ces essais devront être complétés en considérant un nombre d'échantillons plus important et concernant des eaux naturellement fluorées et de caractéristiques physico-chimiques différentes afin de justifier les constatations réalisées.

III - 8 Conclusion

Au vu des résultats obtenus au cours de ce chapitre, nous pouvons conclure que l'élimination du fluor des eaux par adsorption nécessite de fortes doses de bentonite afin d'atteindre des teneurs résiduelles en fluor conformes aux normes de l'OMS. Le temps d'équilibre est atteint après 3 heures d'agitation et l'adsorption du fluor sur les bentonites brutes ou activées est non réversible. De plus, l'activation acide de la bentonite améliore la capacité sorptionnelle vis-à-vis du fluor. Les meilleurs rendements sont obtenus pour un rapport H_2SO_4 / bentonite égal à 0,2 et pour un temps d'activation de 1 heure pour la bentonite de Mostaghanem et de 3 heures pour la bentonite de Maghnia. Par ailleurs, cette dernière est apparue comme plus efficace que celle de Mostaghanem. Les phénomènes prédominants dans l'élimination du fluor par utilisation de ces bentonites seraient l'échange d'ions, la complexation et la précipitation. Les mécanismes de fixation du fluor pourraient fortement dépendre du pH et du pourcentage des oxydes Al_2O_3 et Fe_2O_3 dans la composition chimique de l'argile. Les modèles de Langmuir et de Freundlich sont parfaitement applicables pour les résultats obtenus.

Pour une dose de bentonite de 6 g/l, les rendements d'élimination du fluor ont paru s'améliorer jusqu'à des teneurs initiales de 5 à 6 mg F^- /l selon le type de l'argile testée. Ainsi l'utilisation de la bentonite n'est efficace que pour des eaux contenant des teneurs moyennement élevées en fluor.

La défluoruration des eaux par adsorption sur bentonite activée est particulièrement adaptée à la qualité des eaux de la région de Biskra.

La minéralisation du milieu aqueux semble améliorer la fixation du fluor mais peut conduire à des résultats différents selon la composante minérale de l'eau et selon le type d'argile.

Références bibliographiques

Références bibliographiques

- ABDELOUAHAB C., AIT AMAR H., OBERTENOV T.Z., GAID, A (1987). Fixation sur des argiles bentonitiques d'ions métalliques présents dans les eaux résiduaires industrielles cas du Cd(II) et du Zn(II), Rev. Sci. Eau l3, 2, 33-40.

- ACHOUR S. (1990). La qualité des eaux souterraines du Sahara septentrional en Algérie-Etude de l'excès en fluor, Rev.Tribune de l'eau, Cebedeau, 6, 42(542), 53-57.

- ACHOUR S., GUERGUAZI. S., GUESBAYA. N., SEGHAIRI. N., YOUCEF, L. (2002) Incidence des procédés de Chloration de floculation et d'adsorption sur l'évolution de composés organiques et minéraux des eaux naturelles. LARHYSS Journal, 1, 107-128, Biskra, Algérie.

- ACHOUR S., YOUCEF L (1996). Possibilités d'élimination des fluorures des eaux souterraines par adoucissement chimique à la chaux, 1er séminaire Maghrébin sur l'eau, 22-26 Juin, Tizi-Ouzou, Algérie.

- ACHOUR S., YOUCEF L. (2001). Excès des fluorures dans les eaux du Sahara septentrional oriental et possibilités de traitement, Rev. l'Eau, L'Industrie, les Nuisances, 6, 47-54.

- ACHOUR S., YOUCEF L. (2002). Excès en fluor et essais de défluoruration des eaux souterraines du sud Algérien. WATMED, Colloque international sur l'eau dans le bassin méditerranéen : Ressources et développement Durable, 10-13 Octobre, Monastir, Tunisie.

- ADLER H., KELEIN G., LIDSAY F.K. (1938). Removal of fluoride from potable water by tricalcium phosphate. Ind. Eng. Chem, 30, 2, 163-165.

- AGARWAL M., RAI K., SRIVASTAVA S., SRIVASTAVA M. M., PRAKASH S., SHRIVASTAV R., DASS S. (1998). Fluoride sorption on clay and clay menerals: An attempt to search for variable defluoridating agent, Fluoride Journal of International Society for Fluoride Research, 31 (3).

- AROUA A. (1981). Problèmes de santé liés à l'hyperminéralisation de certaines eaux en Algérie, Semaine sur la déminéralisation de l'eau potable, 14-19 novembre, Alger.

• AZOUT B., ABRAHAM J. (1978). Existence et cause des fluoroses humaines dans la région d'El-Oued, Annales de l'I.N.A., Alger, VIII, 3, 5-12.

• BARBIER F. (1992). Fluor et fluorures minéraux, Editions techniques Encyc. Méd. Chir (Paris-France), Toxicologie Pathologie professionnelle, 16-002-F-20.

• BARBIER J. P., MAZOUNIE P. (1984). Méthodes d'élimination des fluorures, Filtration sur alumine activée: un procédé de choix, congrès de Monastir.

• BAR-YOSEF B., AFIK I., ROSENBERG R. (1988). Fluoride sorption by montmorillonite and kaolinite. Soil. Sci, 145, 194-200.

• BEAUDRY J.P.(1984). Traitement des eaux, Ed . Le griffon d'argile, Québec.

• BELLE J.P., JERSALE L.(1984). Elimination des fluorures par adsorption - échange sur alumine activée, Rev. T.S.M. L'eau, 2, 87-93.

• BENDJAMA Z. (1982). Sorption du mercure par des bentonites algériennes activées, Thèse de Magister en chimie industrielle, Université des Sciences et de la technologie d'Alger.

• BORUFF C.S.(1934). Removal of fluorides from drinking waters, Ind, Eng, Chem, 26, 3, 69-71

• BOUARICHA K. (1971). Contribution à l'étude de l'intoxication fluorée, Thèse Doctorat en médecine, Alger.

• BOUDIAF A. (1974). Darmous et parodonpathies, Thèse de doctorat chirurgie dentaire, Alger.

• BOURAS O. (2003). Propriétés adsorbantes d'argiles pontées organophiles: Synthèse et caractérisation. Thèse docteur en chimie et microbiologie de l'eau, Université de Limoge, France.

• BRODSKY A., ZDENEK V. (1971). Possibilités de décarbonatation des eaux à la chaux, la technique de l'eau et de l'assainissement,3, 33-40.

• CASTANY G. (1982). Bassin sédimentaire du Sahara septentrional (Algérie - Tunisie), aquifères du continental intercalaire et du complexe terminal, Bulletin du BRGM, 2, 127-147.

• C.D.T.N (rapport) (1992). Etude hydrochimique et isotopique des eaux souterraines de la cuvette de Ouargla. Centre de développement des techniques nucléaires.

- C.E.E (1980). Directive du conseil du 15 juillet, relative à la qualité des eaux destinées à la consommation humaine, journal officiel des communautés européennes, n° L229/11.

- CHIDAMBARAM S., RAMANATHAN A. L., VASUDEVAN S. (2003). Fluoride removal studies in water using natural materials. Water SA, 29, 3, 339 – 343.

- COUSIN S. (1980). Contribution à l'amélioration de la qualité des eaux destinées à l'alimentation humaine par utilisation d'argiles au cours des traitements de floculation décantation, Thèse de Doctorat 3 ^{ème} cycle, Université Paris V, France.

- DEAN H. T. (1934). Classification of mottled enamel diagnosis, Journal of the american dental association, 21, 1421-1426.

- DEGREMONT. (1989). Mémento technique de l'eau, Ed. Degrémont, Paris.

- DELIBROS J.(1959). Pathologie des dents et du parodontie, Ed. Masson, Paris.

- DESJARDINS R. (1997). Le traitement des eaux, 2ème édition, Edition de l'école polytechnique de montréal, Quebec.

- D.N.H.W. (1993). Water treatment principles applications, Guidlines for Canadian drinking water quality.

- DZIUBEK A. M., KOWAL A.L., (1984). Effect of magnesium hydroxyde on chemical treatment of secondary effluent under alkaline conditions. Proceedings of Water Reuse Symposium III, American Waterworks Association Research Foundation, 2nd ed. San Diego.

- EDGAR G.P. (1977). Reducing fluoride in industrial wastewater, chemical engineering,7, 89-94.

- E.P.A. (1975). National interim primary drinking water regulation, Federal register, 40-51.

- FINKBEINER C. S. (1938). Fluoride reduction plant installed at village of Bloomdale, Ohio, Water Works Engineering, 91, 992-993.

- GONZALEZ PRADAS E., VILLAFRANCA SANCHEZ M., CANTON CRUZ F., SOCIAS VICIANA M., FERNANDEZ PERZ M. (1994). Adsorption of cadmium and zinc from aqueous solution on natural and activated bentonite, Journal chemical technology and biotechnology, 59, 289-295.

- GORDON B, MARC A., RANDY G. (1985). Defluoridation of drinking water in small communities, E.P.A.

- GRIM R. E. (1968). Clay mineralogy, 2nd ed., Mac Graw Hill, New York.

- GUERGAZI S., ACHOUR S. (2005). Caractéristiques physico-chimiques des eaux d'alimentation de la ville de Biskra. Pratique de la chloration. LARHYSS Journal, 4, 119-127, Biskra, Algérie.

- GUESSEIR B. (1976). Défluoruration de l'eau des nappes dans la région d'El-Oued (Souf). Mémoire ingénieur agronome, I.N.A, Alger.

- HICHOUR M. (1998). Défluoruration des eaux par des procédés a membranes échangeuses d'ions: Dialyse de Donnan et électrodialyse. Thèse de Doctorat en chimie théorique, physique, analytique, Université de Montpellier II.

- HICHOUR M., PERSIN F., SANDEAUX J., MOLENAT J., GAVACH C. (1999). Défluoruration des eaux par dialyse de Donnan et électrodialyse, Rev. Sci. Eau, 12, 4, 671-686.

- KAU P.M.H., SMITH D.W., BINING P. (1997). Fluoride retention by kaolin clay, journal of contaminant hydrology, 28, 267-288.

- KAU P.M.H., SMITH, D.W., BINING P. (1998). Experimental sorption of fluoride by kaolinite and bentonite, Geoderma, 84, 89-108.

- KAU P.M.H., BINNING P.J., HITCHCOCK P.W., SMITH D.W. (1999). Experimental analysis of fluoride diffusion and sorption in clays, journal of contaminant hydrology, 36, 131-151.
- KEMMER F.N. (1984). Manuel de l'eau, Edition Technique et documentation, Lavoisier, Paris.

- KESSABI M. (1984). Métabolisme et biochimie toxicologique du fluor, Rev. Méd Vét, 135, 497-510.

- KESSABI M., ASSIMI B., BRAUN J.P. (1984). The effect of fluoride on animals and plants in the south Safi zone, the science of the environment, 38, 63-88.

- KESSABI M., HAMLIRI A. (1983). Toxicité ostéodentaire du fluor, Rev. Méd Vét, 159,9, 747-752.

- LAGAUDE A., KIRCHE C., TRAVI Y. (1988). Défluoruration des eaux souterraines au Sénégal. Travaux préliminaires sur l'eau du forage de Fatick, Rev. T.S.M. L'eau, 9, 449-452.

- LEGUBE B. (1996). Le traitement des eaux de surface pour la production d'eau potable , Guide technique, Agence Loire, Bretagne, France.

- LINDSAY W.L.(1979).Chemical Equilibria in Soils.John Wiley and Sons, New York.

- MAIR F.J. (1947). Methods of removing fluoride from water, Am. Jour, Public Health, 37, 12, 1559-1566.

- MAR DIOP C., RUMEAU M. (1993). Les fluorures dans les eaux et dans l'environnement, Symposium sur le fluor, E.N.S.U.T. Dakar, 35-43.

- MASSCHELEIN W. J. (1996). Processus unitaires du traitement de l'eau potable, Edition Cebedoc, Liège, Belgique.

- MASTROPAOLO C.(1991). Affordable drinking water treatment for public water systems contaminated by excess levels of natural fluoride, US Environmental Protection Agency Washington, DC ed. National Technical Information Service Springfield, VA.22161, 68.

- MAUREL A. (2004). Techniques à membranes et dessalement de l'eau de mer et des eaux saumâtres, Principes- Etat de l'art. Cours intensif, 11-15 Décembre, Alger.

- MAZOUNIE P., MOUCHET P. (1984). Procédés d'élimination du fluor dans les eaux alimentaires, Rev.Française des Sciences de l'Eau, 3 , 1, 29-51.

- MOGES G., ZEWGE F., SOCHER M. (1996) Preliminary investigations on the defluoridation of water using fired clay. Journal of African Earth Seances, 21, 4, 479-482.

- NACEUR A. (1986). Fluorose dentaire chez l'enfant de Souf. Thèse de doctorat en odentologie préventive, I.O.S. Alger.

- N'DAO I., LAGAUDE A., TRAVI Y. (1992). Défluoruration expérimentale des eaux souterraines du Sénégal par le sulfate d'aluminium et le polychlorosulfate basique d'aluminium, Science et Technique de l'eau, 23, 3, 243-249.
- NEKRASSOV B. (1969). Chimie minérale, Ed MIR, Moscou.

- NEZLI I. E. (2004). Mécanisme d'acquisition de la salinité et de la fluoruration des eaux de la nappe phréatique de la basse vallée de l'Oued Mya (Ouargla), Thèse de magister en géologie, option : Hydrochimie, Université de Annaba.

- O.M.S. (1972). Normes internationales applicables à l'eau de boisson, Genève.

- O.M.S. (1985). Fluor et Fluorures, Genève.

- O.M.S. (1986). Le bon usage des fluorures pour la santé de l'homme, Genève.

- O.M.S. (1996). Fluoride in drinking-water, Background document for development of WHO guidelines for drinking-water quality.

- O.M.S. (2004). Guidelines for drinking-water quality, third edition, Volume1– Recommendation, Geneva.

- PADMASIRI J.P., FONSEKA W.S.C.A., LIYANAPATABENDI T. (1995). Low cost fluoride removal by upward flow household filter, advanced water treatment and integrater water system management into the 21 St century, 15-17 May, Osaka, Japan.

- PERLMUTIER L.,APFELBAUM M., NIRCUS P., FORRAT C., BEGON M.(1981). Dictionnaire pratique de diédétique et de nutrition, Ed. Masson, France.

- POEY J. (1976). Evolution du bilan biologique en fonction du stade radiologique chez une population vivant dans une zone d'endémie fluorée du sud Algérien, Eur. J. Toxicol, 9, 179-186.

- PONTIE M., RUMEAU M., NDIAYE M., MAR DIOP C. (1996). Synthèse sur le problème de la fluorose au Sénégal : bilan des connaissances et présentation d'une nouvelle méthode de défluoruration des eaux, Cahiers santé, 6, 27-36.

- RABOSKY J. K., JAMES P., MILLER J.R. (1975). Fluoride removal by lime and alum and polyelectrolyte coagulation, J.A.W.W, 50, 3, 669-676.

- RAO NAGENDRA. C.R. (2003). Fluoride and environment – A review , Third international conference on Environment and health, 15 – 17 December, Chennai, India.

- RICHARD Y., HOURTIC D. (1976). La décarbonatation des eaux, Rev. T.S.M. L'eau,12, 523-529.

- RODIER J. (1996). L'analyse de l'eau : eaux naturelles, eaux résiduaires, eau de mer, 8^{éme} édition, Ed . Dunod, Paris.

- ROTHAN A. (1976). Le fluor, Pathologie professionnelle, feuillets de médicine du travail, fascicule 8.

- RUBEL F., WILLIAMS F.S. (1980). Pilot study of fluoride and arsenic removal from potable water, E.P.A, 600/280-100.

- RUMEAU M. (2004). Techniques à membranes et dessalement de l'eau de mer et des eaux saumâtres, Principes- Etat de l'art. Cours intensif, 11-15 Décembre, Alger.

- SCHOEMAN J. J., BOTHA G .R. (1985). An evaluation of the activated alumina process for fluoride removal from drinking water and some factors influencing its performance, water SA, 11, 1, 25-32.

- SCHOEMAN J. J., MACBOOD H. (1987). The effect of particle size and interfiring ions on fluoride removal by activated alumina, water SA, 13, 3, 109-114.

- SCOTT R.D., KIMBERLY A.E., VAN HORN A.L., EY L.F., WARING F.H. (1937). Fluoride in Ohio water- supplies, its effect, occurrence and reduction, J.A.W.W.A, 29, 1, 9-25.

- SEGHAIRI N. (1998). Possibilités de rétention des matières organiques par adsorption sur la bentonite, Thèse de Magister en Sciences Hydrauliques, Université de Biskra, Algérie.

- SEMADI A. (1989). Effet de la pollution atmosphérique sur la végétation dans la région de Annaba. Thèse de Doctorat Es-Sciences, Paris.

- SEMERJIAN L., AYOUB G.M., EL-FADEL M. (2002). High pH-magnesium coagulation-flocculation in wastewater treatment, Advances in Environmental Research.

- SMITH R. D., MARTELL A. E. (1976). Cristal stability constants, Volume 4 : Inorganic complexes, Plenum press, New York and London.

- SORG T. J. (1978). Treatment technology to meet the interim primary drinking water regulation for inorganics, J.A.W.W.A, 40, 2, 105-112.

- SRIMURALI S., PRAGATHI A., KARTHIKEYAN J. (1998) A study on removal of fluorides from drinking water by adsorption onto low- cost materials, Journal, Environ. Pollution, 99, 285-290.

- TABOUCHE N. (1999). Etude de la répartition spatiale des teneurs en fluorures des eaux du Sahara septentrional, Thèse de Magister en sciences hydrauliques, Université de Biskra, Algérie.

- TABOUCHE N., ACHOUR, S. (2002). Le fluor dans les eaux d'alimentation et ses effets toxiques dans le sud algérien, 2ème forum "Médina - Environnement et santé publique", Constantine, Algérie.

- TABOUCHE N., ACHOUR S. (2004). Etude de la qualité des eaux souterraines de la région orientale du Sahara septentrional algérien. LARHYSS Journal, 3, 99-113, Biskra, Algérie.

- TAHAR J. (1981). L'expérience algérienne en matière de déminéralisation des eaux, Séminaire sur la technologie appropriée à la déminéralisation de l'eau potable, 14-19 Novembre, Alger.

- TARDAT HENRY. M. (1984). Chimie des eaux, Edition le griffon d'argile, I.N.C, Canada.

- TAZAÏRT A., KACIMI G. (1992) Cycle d'exposés de résidanat 3ème année, Lithium, l'Etain, Manganèse, Mercure, Sélénium, Molybdène, Fluor, Iode, Vanadium. Institut des sciences médicales d'Alger, Algérie.

- TRAVI Y., LECOUSTOUR E. (1982). Fluorose dentaire et eaux souterraines : L'exemple du Sénégal, Eau du Québec, 15, 1, 9-12.

- TRAVI Y. (1993). Hydrogéologie et hydrochimie des aquifères de Sénégal. Hydrogéologie et hydrogéochimie du fluor dans les eaux souterraines, Rev. Sci.Géol, Mémoire n° 95, France.

- UNESCO (rapport). (1982). Actualisation de l'étude des ressources en eau du Sahara septentrional.

- U.S. Public Health Service (1962), Drinking Water standards, Washington.

- VALENZUELA-DIAZ F.R., SOUZA-SANTOS P. (2001). Studies on the acid activation of Brazilian smectitic clays, Quim. Nova, 24, 3, 345-353.

- WON WOOK, C., KENNETH Y.C.(1979).The removal of fluoride from waters by adsorption, J.A.W.W.A, 71, 10, 562-570.

- XU-GUO-XUN. (1992). Fluoride removal from drinking by activated alumina with CO_2 gas acidizing method, J. Water SRT, AQUA, 43, 2, 58-64, E.P.A.

- YOUCEF L., ACHOUR S. (1996). Etude de la précipitation chimique à la chaux du fluorure de sodium en solution synthétique. 2 ^{ème} Séminaire national d'hydraulique, 2-3 Décembre, Biskra, Algérie.

- YOUCEF L., (1998). Etude des possibilités d'élimination des fluorures des eaux souterraines par précipitation chimique à la chaux, Thèse de Magister en sciences hydrauliques, Université de Biskra, Algérie.

- YOUCEF L., ACHOUR S. (1998). Défluoruration des eaux souterraines comparaison entre la coagulation- floculation au sulfate d'aluminium et la précipitation chimique à la chaux. 3 ^{ème} séminaire national d'hydraulique, 26- 28 Octobre, Biskra, Algérie.

- YOUCEF L., ACHOUR S. (1999). Contribution à l'étude de l'excès en fluor dans quelques eaux souterraines du sud Algérien. Colloque international d'hydrologie, 19-20 Octobre, Annabá, Algérie.

- YOUCEF L., ACHOUR S. (2001). Défluoruration des eaux souterraines du sud algérien par la chaux et le sulfate d'aluminium, Courrier du Savoir Scientifique et Technique, 1, 65-71, Université de Biskra, Algérie.

- YOUCEF L., ACHOUR S. (2003). Etude de l'élimination des fluorures des eaux de boisson par adsorption sur bentonite. Colloque international, Oasis, Eau et population, 22-24 Septembre, Biskra, Algérie.

PARTIE II :

Elimination du cadmium et des phosphates

Chapitre I : synthèse bibliographique sur le cadmium et les phosphates

I-1 Introduction

Parmi les métaux lourds, le cadmium est particulièrement toxique. Il se concentre dans les sols et dans toute la biosphère (Chami et al., 1998). Son accumulation importante dans la chaîne alimentaire pose un problème de santé publique qui a amené les législateurs à réglementer les teneurs maximales en cadmium dans les sols et les eaux.

Les phosphates font partie des anions assimilables par le corps de l'être humain (Rodier, 1996). Quelle que soit leur origine (domestique, industrielle ou agricole), leur présence dans les eaux à forte concentration favorise l'eutrophisation des lacs et des cours d'eau ainsi que le développement massif d'algues et par là même un déséquilibre de l'écosystème (Kellil et Bensafia, 2003; Cemagref, 2004). Afin d'éviter la pollution des eaux par l'un de ces deux éléments, il existe de nombreuses techniques de dépollution. Elles sont basées sur des phénomènes de précipitation d'échange d'ions et d'adsorption.

Le présent chapitre a pour objectif de présenter les principales caractéristiques physico-chimiques des deux polluants minéraux (cadmium et phosphates), les sources de pollution ainsi que leurs effets sur la santé de l'homme. Nous présenterons quelques données sur le problème de pollution dans les eaux algériennes par ces deux éléments. Nous terminerons par la présentation d'un inventaire des méthodes de séparation du cadmium et des phosphates des solutions aqueuses les plus utilisées, en insistant sur les principales caractéristiques de chaque procédé et leur application pour l'élimination du cadmium ou des phosphates.

I-2 Le cadmium

I-2-1 Propriétés générales du cadmium

Dans la classification périodique des éléments, le cadmium appartient au groupe II.B des métaux, au même titre que le zinc et le mercure. Le cadmium est un métal blanc argenté avec des teintes du bleu lustré, ductible et trèfilable (Nekrassov, 1969). Le tableau 35 résume les principales propriétés de cet élément.

Tableau 35 : Principales caractéristiques physico-chimiques du cadmium (Nekrassov, 1969)

Symbole	Cd
Masse atomique	112,4
Numéro atomique	48
Configuration	$4 \, d^{10} \, 5 \, s^2$
Rayon atomique (A°)	1,41
Rayon ionique Cd^{2+} (A°)	0,97
Densité relative	8,7
Point de fusion (°C)	321
Point d'ébullition (°C)	767
Conductivité électrique (Hg= 1)	13

A l'état naturel, le cadmium peut se présenter sous deux degrés d'oxydation (0) et (+2); toutefois, on observe rarement le cadmium au degré 0, c'est-à-dire à l'état métallique (CNRC, 1979). En solution aqueuse ou dans les cristaux, la forme stable dominante est l'ion Cd^{2+} qui possède une forte affinité pour S^{2-}, OH⁻ et de nombreux anions organiques avec lesquels, il donne naissance à des complexes (Mahan, 1977; Juste, 1995).

Le cadmium élémentaire est essentiellement insoluble dans l'eau. Toutefois, plusieurs de ses composés sont facilement solubles, c'est le cas des formes chlorure ($CdCl_2$), bromure ($CdBr_2$), iodure (CdI_2), nitrate ($Cd(NO_3)_2$) et sulfate ($CdSO_4$). Les composés du cadmium insolubles dans l'eau, comme l'oxyde de cadmium (CdO), le sulfure de cadmium (CdS), le carbonate de cadmium ($CdCO_3$), l'ortho-phosphate de cadmium ($Cd_3(PO_4)_2$) et le fluorure de cadmium (CdF_2), peuvent être solubilisés dans des conditions d'oxydation ou d'acidité élevée. (LCPE, 1994).

Les sels halogénés de cadmium ont un degré de dissociation qui diminue quand on passe dans la suite Cl⁻, Br⁻, I⁻. Ces sels conduisent peu le courant électrique. Par contre, les nitrates et les sulfates de cadmium sont dissociés d'une façon normale (Nekrassov, 1969).

Le cadmium ne se dégrade pas dans l'environnement, mais sa mobilité, sa biodisponibilité et son temps de séjour dans différents milieux peuvent subir l'influence de processus physiques et chimiques. Dans l'atmosphère, les composés du cadmium, telle que l'oxyde de cadmium, sont surtout présents sous forme particulaire, ils ont un temps de séjour relativement bref dans la troposphère (de 1 à 4 semaines) et ils sont extraits de l'air sous forme de dépôts humides et secs. Dans les milieux aquatiques, la mobilité et la biodisponibilité du cadmium s'accroissent lorsque le pH, la dureté, la concentration de matières en suspension et la salinité sont faibles et lorsque le potentiel d'oxydation du cation est élevé. Dans les sols, le déplacement du cadmium et son accumulation potentielle par les organismes vivants augmentent lorsque le pH et la teneur en matières organiques sont faibles et lorsque la taille des particules et la teneur en humidité sont élevées (LCPE, 1994).

I-2-2 Présence du cadmium dans l'environnement

Le cadmium existe naturellement dans la croûte terrestre mais en faible quantité (Nekrassov, 1969). Elle renferme de 0,1à 0,2 mg de Cd / Kg, les roches sédimentaires contiennent plus de Cd que les roches éruptives ou métamorphiques (Juste, 1995). Les volcans contribuent dans la croissance des niveaux des teneurs du cadmium car ils libèrent en moyenne annuelle dans le monde de 800 à 1400 tonnes de cadmium (Miquel, 2001). Cependant, les roches ou minerais phosphatés sont considérés comme la source principale du cadmium dans l'environnement (Robert, 1996). A titre d'exemple, les minerais phosphatés du Nord-Ouest des USA peuvent contenir jusqu'à 300 mg de Cd / Kg, alors que ceux de l'Afrique de l'Ouest de 45 à 90 mg/Kg, ceux du Maghreb et du Proche-Orient de 10 à 70 mg/ Kg (Juste, 1995).

En dehors de cette origine géochimique, le cadmium peut être présent dans l'environnement par le biais de plusieurs sources de pollution d'origine agricole, industrielle ou dans les stations d'épuration et dans les déchets ménagers (Robert, 1996).

I-2-2-1 Sources de pollution

a) Les apports d'origine agricole

L'utilisation d'engrais phosphatés en agriculture et celle des eaux usées industrielles et urbaines en irrigation est un risque important de pollution des sols et des eaux naturelles (Mazlani et al., 1994).

Les boues des stations d'épuration, utilisées comme amendements agricoles, peuvent aussi contenir des concentrations élevées en différents métaux lourds (Benmoussa et al., 1994). Ces micro-polluants, une fois incorporés dans les sols, peuvent alors être absorbés par les plantes et se trouver dans la chaîne alimentaire ou alors migrer vers les eaux souterraines (Duchaufour, 1995).

b) La source industrielle

A l'échelle mondiale, il y'a cinq grands domaines d'utilisation du cadmium : les piles Ni-Cd (qui représentent près de 50 % de la consommation mondiale de cadmium), les enduits (20 %), les pigments (18 %), les stabilisants dans les plastiques et les produits synthétiques (6 %) et les alliages (6 %) (Hoskin, 1991). On retrouve également de petites quantités de cadmium dans les tubes-images de téléviseurs, les fils de téléphone et de trolley, les radiateurs d'automobile, les barres de commande et les blindages de réacteurs nucléaires, les huiles moteur et les agents de vulcanisation du caoutchouc (LCPE, 1994). Le mode de pollution passe donc par les effluents liquides mais aussi par la voie atmosphérique sous forme d'aérosols et de fumées (Robert, 1996).

c) Le milieu urbain et routier

Ce sont essentiellement des apports atmosphériques polluants qui proviennent de fumées industrielles, de combustion du charbon mais aussi d'usure de pneumatiques.

Les mesures effectuées en zone urbaine indiquent généralement des teneurs en cadmium dans les sols et l'air, plus importantes qu'en zone rurale (Duchaufour, 1995)

I-2-2-2 Exemples de teneurs en cadmium dans l'environnement

La pollution par le cadmium a manifesté une progression spectaculaire dans les cinquante dernières années. Elles a été multipliée par le coefficient 10 (Duchaufour, 1995).

a) Teneurs de cadmium dans les sols

La contamination des sols a surtout affecté le Japon et Taiwan où le cadmium provient de décharges de mines et d'industries de fonderies (quantité supérieure à 2 mg Cd/Kg). En grande Bretagne, les sols du village Shipan révèlent des teneurs de 20 à 200 p.p.m et des concentrations supérieures à 1 p.p.m dans les légumes (Robert, 1996).

Aux Etats-Unis, une étude sur plusieurs sols montrent des teneurs en cadmium total de 22 à 34 mg/Kg (Ahnston et Parker, 2001).

En Algérie, Chami et al. (1998) confirment que les sols cultivés enrichis par les engrais phosphatés peuvent contenir des quantités non négligeables en cadmium (35 p.p.m en Cd dans les couches superficielles du sol).

En milieu acide, la mobilité des métaux et le danger d'adsorption par les plantes augmentent. Le pH seuil du cadmium est égal à 6 (Duchaufour, 1995).

b) Présence du cadmium dans les plantes et les aliments

Les cultures maraîchères peuvent absorber jusqu'à 50 g/ha/an dans les sols acides (Robert, 1996). Cependant, l'absorption du cadmium par les plantes varie en fonction du temps et du type de plante.

Chami et al. (1998) montrent que les teneurs en Cd, croissantes avec le temps atteignent des valeurs de 0,7 p.p.m pour la betterave et le maïs, et 0,35 p.p.m pour la pomme de terre.

Toutefois, il existe des plantes hyper accumulatrices qui concentrent le cadmium d'un facteur 100 ou 1000. Ce type de végétaux est parfois utilisé pour réhabiliter les sols pollués (Duchaufour, 1995).

c) Présence du cadmium dans l'air

L'atmosphère est souvent polluée au centre des villes et en bordure de routes et autoroutes. Les mesures effectuées à Tokyo et Hambourg indiquent des teneurs dix fois plus élevée aux centres des villes que dans les zones périphériques (Duchaufour, 1995).

Dans la région parisienne, en France, le trafic automobile est la principale source de pollution atmosphérique en cadmium. Mais les teneurs relevées restent inférieures à 5 ng/m^3, valeur de référence européenne concernant le Cd (OIE, 2000)

d) Présence du cadmium dans les eaux

Provenant de pollutions diverses, le cadmium se trouve de plus en plus dans les eaux destinées à l'alimentation. Le cadmium parvient dans les eaux avant tout par dépôt à partir de l'air mais aussi par les eaux de précipitation véhiculées dans les chéneaux et par l'eau de ruissellement des décharges d'ordures et des eaux de rejets industriels. Mais la grande partie de cadmium qui se trouve dans l'eau provient des industries situées à proximité des cours d'eau où elles rejettent leurs effluents (Rodier, 1996; Bliefert et Perrand, 2001; Miquel, 2001). Les émissions mondiales sont d'environ 8000 t/an, dont seulement 5 à 10 % viennent de sources naturelles (Bliefert et Perrand, 2001).

Dans les eaux naturelles, l'ion cadmium hydraté prédomine. Les ions chlorures peuvent complexer fortement le cadmium. La teneur en métal libre est très faible (OIE, 2000).

Dans les eaux de surface, les concentrations en cadmium ne dépassent que quelques µg/l en raison de la faible solubilité du carbonate et de l'hydroxyde où le pH est de 8 à 9. Mais la solubilité du cadmium augmente quand le pH diminue (Rodier, 1996). Les eaux souterraines et en particulier les nappes phréatiques peuvent aussi être contaminées malgré le rôle épurateur de certains sols. Ainsi, une étude sur plusieurs eaux souterraines près du Lac nasser, en Egypte a mis en évidence des teneurs importantes en cadmium (0,09 à 0,17 mg/l) (Soltan et Rashed, 2002).

L'utilisation de bioindicateurs pour la mise en évidence d'une pollution des eaux s'est avérée complémentaire aux analyses chimiques. Au Maroc, Mazlani et al. (1994) ont étudié la bio-concentration du cadmium et du zinc chez un genre particulier de gastéropode provenant d'un site d'épandage d'eaux usées de la ville de Marrakech. Ce gastéropode peuple aussi bien les eaux superficielles que les eaux souterraines. Les eaux utilisées pour l'irrigation contenaient jusqu'à 24 µg/l de cadmium. Le degré de contamination de ce gastéropode s'est avéré très élevé et les teneurs métalliques augmentent de l'hiver à l'été. Les causes de cette variabilité peuvent être attribuées à l'âge et la taille de l'espèce ainsi qu'à la température et l'éclairage du milieu

En Algérie, les eaux résiduaires de certaines industries contiennent le cadmium à des teneurs largement supérieures aux normes de rejets, de tels rejets peuvent causer des effets indésirables aussi bien vis-à-vis de la faune aquatique que de la flore. Quelques études ont donné une idée sur ce danger de pollution.

• Les eaux résiduaires industrielles de surface, comme par exemple celles des décaperies et des ateliers de galvanoplastie contiennent souvent des ions métalliques, notamment Cd^{2+} en quantités importantes. C'est le cas de l'industrie d'électrolyse de Zinc de Ghazaouat ou de laverie de la mine de Pb – Zn de Kharzet Youcef (Setif), dont la concentration en ions métalliques des eaux résiduaires est largement supérieure aux normes de rejet (Abdelouahab et al, 1987). D'après Zaourar et al. (1998), les conditions de stockage des résidus de lixiviation de l'usine d'électrolyse de Ghazaouat et des eaux résiduaires issues de la même unité, renferment des quantités importantes d'ions notamment Cd^{2+} dont la concentration est souvent supérieure aux normes de rejets. Les résidus obtenus au niveau de l'atelier de lixiviation, constituent actuellement plus de 200000 T. La quantité annuelle de ces déchets est estimée à 15000 T de boues à 40 % d'humidité. Le dosage d'un gramme de ces boues par spectrométrie atomique indique qu'il contient 0,28 % de Cd^{2+} soit 2,8 mg/g.

- L'étude spatio-temporelle de l'évolution de la pollution par les métaux lourds (Pb, Cd et Hg) dans les eaux de la baie de Skikda, indique que la concentration de ces métaux varie de 4 µg/l à 55 µg/l pour le Pb, 1 µg/l à 17 µg/l pour le cadmium et de 0,1 à 1,1 µg/l pour le mercure. Ces concentrations indiquent un début de pollution du site (Kehal et al., 2004).

- Dans le cadre de la réhabilitation de la décharge publique d'El- Kerma de la ville d'Oran, Bennama et al. (2004) ont entrepris un programme de recherche sur la caractérisation physico chimique et bactériologique des lixiviats bruts en analysant cinq échantillons différents prélevés à partir de cinq zones des lixiviats existantes dans toute la décharge (Tableau 36).

Tableau 36: Résultats des analyses physico-chimiques des lixiviats de la décharge publique d'El-Kerma (Bennama et al, 2004)

Paramètre	Lixiviat 1	Lixiviat 2	Lixiviat 3	Lixiviat 4	Lixiviat 5
Température (°C)	23,3	12,4	24,2	23,1	23,2
pH	6,27	6,8	7,39	7,02	6,82
Conductivité (µS/cm)	90900	1154000	96700	108800	92500
Cadmium (mg/l)	0,5	0,2	0,07	0,6	0,3

Les résultats indiquent des teneurs dépassant les normes de rejets (0,2 mg/l). Il est indispensable de traiter ce jus de décharge pour éviter tout risque de contamination du milieu.

- Ali-Mokhnache et Messadi (1992) ont pu doser le cadmium dans quelques échantillons d'eau (résiduaires, potables ou naturelles). Les résultats présentés sur le tableau 37 montrent que certaines eaux résiduaires telles que celle de la Sonacom (Sidi Bel Abbès) risque de produire une pollution dans le milieu récepteur. Certaines eaux potables (Université de Annaba) et eaux naturelles (source naturelle de Boumerdes) révèlent des teneurs en cadmium dépassant la norme de potabilité exigée par l'OMS (3 µg/l).

Tableau 37: Teneurs en cadmium dans différents échantillons d'eau en Algérie (Ali-Mokhnache et Messadi, 1992).

Type d'eau	Cd^{2+} (mg/l)
Résiduaire	
SNS (Annaba)	0,0016
Sonatrach (Annaba)	0,0016
Sonelec (Après traitement) (Setif)	0,16
Sonacom (Sidi Bel Abbès)	0,9
Potable	
Université de Annaba	0,016
Ville Boumerdes	< 0,016
Ville Sidi Bel Abbès	0,0016
Naturelle	
Source naturelle (Boumerdes)	0,016
Eau de mer (20 Km de Boumerdes)	0,0016

I-2-3 Effets physiologiques du cadmium et de ses composés

Le cadmium n'est pas un élément essentiel pour le corps de l'être humain. A travers la chaîne alimentaire, il s'accumule dans les plantes et les animaux ainsi que dans le corps humain dont il ne peut être que partiellement désorbé (Bliefert et Perrand, 2001). On estime que les composés du cadmium sont plus facilement absorbés par inhalation (jusqu'à 50 %) que par ingestion (environ5 %) (LCPE, 1994). En outre, le tabagisme contribue grandement à l'exposition totale au cadmium chez les fumeurs (Rodier, 1996; LCPE, 1994). On estime que les personnes qui fument 20 cigarettes par jour absorbent ainsi des doses de cadmium de 0,053 à 0,06 µg/Kg de la masse corporelle par jour (LCPE, 1994).

Ingéré ou inhalé, le cadmium passe dans le sang puis dans le foie, où il se fixe sélectivement sur une protéine chargée de la détoxication (métallothionéine).

Parvenus dans le rein, le cadmium et la métallothionéine se dissocient. Le rein élimine la protéine et concentre le cadmium qui s'accumule tout au long de la vie (Raphaeïl, 2001). Les divers composés du cadmium présentent des effets toxiques variables selon leur solubilité et donc leur facilité d'assimilation par l'organisme (LCPE, 1994).

- L'intoxication aigüe par voie orale peut intervenir dès l'absorption d'une dose de 10 mg de métal en une seule fois (Juste, 1995). Elle se traduit par des troubles intestinaux (vomissements, diarrhées, crampes,...), une insuffisance rénale. La mort peut survenir dans les 24 heures si la quantité ingérée est plus élevée (Juste, 1995). L'organisation mondiale de la santé a recommandé que l'apport de cadmium admissible ne doit pas excéder 0,4 à 0,5 mg par semaine ou 0,057 à 0,071 mg/jour (OMS, 2004).

- Sa toxicité chronique se traduit par des troubles rénaux, des altérations osseuses (Juste, 1995; Rodier, 1996) et l'hypertension artérielle (Rodier, 1996). Les enquêtes épidémiologiques ont paru associer le cadmium à un syndrome toxique dénommé au Japon " Itaï Itaï ", apparu dans les années 1940 chez les paysans travaillant dans les rizières et les pêcheurs à proximité d'une mine qui déversait ses eaux usées polluées par le cadmium dans un fleuve servant à l'irrigation des rizières (Bliefert et Perrand, 2001). Cette maladie est caractérisée par une déficience immunitaire, des atteintes rénales et une décalcification osseuse (Rodier, 1996; Bliefert et Perrand, 2001; Raphaeïl, 2001). Le cadmium est de plus un élément mutagène qui peut altérer la structure de l'ADN (Robert, 1996). Des composés du cadmium (chlorure, oxyde, sulfate, chromate) sont cancérogènes de catégorie 2, le sulfure de cadmium est classé cancérogène de catégorie 3 (LCPE, 1994). En milieu professionnel, outre le rein, le cadmium peut engendrer des cancers du poumon. Le cadmium est aussi suspecté de provoquer des cancers prostatiques ainsi que des retards dans le développement (Raphaeïl, 2001).

I-2-4 Normes de teneurs limites en cadmium dans les sols et les eaux

En raison de sa toxicité bien reconnue vis-à-vis des processus biologiques et de sa relative facilité de dissémination dans les différents compartiments de l'environnement, le cadmium a fait l'objet d'un encadrement réglementaire assez complet. Les apports de déchets urbains agricoles et industriels sur les sols et les cours d'eau devront être particulièrement surveillés et réglementés car ils constituent une source importante de pollution (Robert, 1996).

Ainsi, à titre d'exemple, en France les boues de stations d'épuration d'eaux résiduaires urbaines doivent contenir moins de 20 mg de cadmium par Kg de matière sèche de boues si l'on veut les utiliser en agriculture (Degrémont, 1989). Par ailleurs, les teneurs limites en cadmium dans les effluents industriels sont limitées pour différent pays comme le montre le tableau 38 qui présente des exemples de ces normes.

Tableau 38 : Conditions de rejet d'effluents industriels (OIE, 2000)

Pays	Teneur limite (mg Cd/l)
France	0,2
Allemagne	0,5
Pays-Bas	0,05
Suisse	0,1
U.S.A	0,3

D'autre part, afin de réduire la contamination des sols par le cadmium différents pays ont établi des normes vis-à-vis cet élément (Tableau 39).

Tableau 39: Normes acceptables pour les teneurs en cadmium dans les sols (Robert, 1996)

Pays	Cadmium (mg/Kg de sol)
Pays-Bas	20
Allemagne	10
Grande Bretagne	3
Québec	20
Australie	20

Concernant les eaux destinées à la consommation humaine, la directive des communautés européennes fixe une valeur limite de 5 µg/l en cadmium (Rodier, 1996). L'OMS indique actuellement une norme plus sévère de 3 µg/l (OMS, 2004).

Il est indispensable de remarquer les variations qui peuvent exister d'un référentiel à l'autre et la difficulté d'établir une norme cohérente et valable pour tous les pays.

I-2-5 Méthodes de séparation du cadmium

I-2-5-1 Echange d'ions et procédés membranaires

La clinoptilolite est le minéral le plus connu parmi les zéolites. Cette dernière a été testée pour l'élimination de quelques métaux lourds (Renaud et al., 1980 ; Zamzow et al., 1990). Selon Zamzow et al. (1990) l'ordre d'affinité de la clinoptilolite pour les métaux est :

Pb> Cd> Cs> >Cu(II) > Co (III) > Cr (III) > Zn > Ni(II) >Hg (III). Les ions calcium en solution peuvent entrer en compétition avec les métaux, sauf le Pb.

Les résines échangeuses d'ions, de type sodium ou hydrogène, peuvent être utilisées pour l'élimination du cadmium (OIE, 2000). Les réactions d'échange d'ions se font en milieu acide, pH égal 2 à 3, en utilisant l'acide sulfurique. Lorsque la résine est épuisée ou saturée, sa capacité d'échange est alors nulle. La régénération des résines saturées en cadmium pose un problème car les ions Cd se retrouvent de nouveau avec des effluents à traiter.

L'hydroxyapatite $Ca_5(PO_4)_3(OH)$ possède une structure haxagonale et contient des sites permettant des réactions d'échange de cation ou d'anion. Les apatites naturels permettent d'aboutir à un bon rendement d'élimination de cadmium, l'ajout de $Ca(OH)_2$ à la boue inhibe l'adsorption de cet élément (Meehan et al., 1995). Middelburg et Comans (1991) affirment que l'adsorption du cadmium suit les isothermes de Langmuir. Pour des concentrations initiales de cadmium dépassant 500 µg/l, le mécanisme prédominant serait la co-précipitation et non l'adsorption. Par contre XU et al. (1994) ont constaté que, lors de l'élimination du cadmium par l'hydroxyapatite, deux mécanismes prédominent, la complexation de surface et la co-précipitation. La teneur initiale de cadmium testée lors de cette étude variait entre 0 et 2,5 mmol/l.

L'ultrafiltration peut être appliquée à l'élimination du cadmium, mais elle doit être précédée par la complexation du cation métallique par un polymère hydrosoluble tel que l'alginate de sodium (Benbrahim et al., 1998). Les expériences de rétention de quelques cations métalliques (Cd^{2+}, Cu^{2+}, Mn^{2+}, Pb^{2+}) ont conduit à des taux de rejet de l'ordre de 100 %. Il s'est avéré également que l'augmentation de la concentration initiale du cation se traduisait par une baisse sensible de l'efficacité du traitement. Vers les bas pH, inférieurs à 3, le taux de rejet est voisin de zéro. A l'inverse, lorsque le pH est plus élevé la formation de complexe prédomine et le rendement d'élimination des métaux tend vers 100 %. L'extension des résultats obtenus au traitement de dépollution des eaux naturelles est limitée par la présence des ions calcium qui entrent en compétition avec les autres cations présents (Ennassef et al., 1989; Benbrahim et al., 1998).

Les formes solubles du cadmium peuvent être éliminées par osmose inverse en utilisant des membranes semi-perméables. Toutefois, ces installations coûtent très cher et nécessitent une maintenance rigoureuse. Ce type de membranes peut être très sensible à la qualité chimique de l'eau; ce qui impose un prétraitement pour éliminer les matières en suspension, la dureté de l'eau et ajuster le pH et la température du milieu (U.S.D.I , 2001).

I-2-5-2 Biosorption

Diverses études ont montré qu'une variété de matériaux d'origine biologique naturelle (Benguella et Benaïssa, 2000; 2002) ou de microorganismes (Benaïssa et Elouchdi, 2002) avait l'aptitude de fixer des quantités importantes de cations métalliques comme le cadmium.

L'élimination du cadmium, en solutions synthétiques, a été étudiée sur une boue activée d'une station d'épuration des eaux urbaines de Maghnia se trouvant dans la région de Tlemcen (Algérie) (Benaïssa et Elouchdi, 2002). Les résultats d'essais montrent que certains paramètres étudiés (concentration initiale en cadmium, masse de boue utilisée, le pH initial de la solution) influent fortement sur la quantité de cadmium fixé à l'équilibre. D'autres paramètres (granulométrie, vitesse d'agitation et la température) n'ont qu'une faible influence.

Benguella et Benaîssa (2000; 2002) se sont intéressés à l'élimination des ions en solutions synthétiques de cadmium, cuivre et zinc, pris séparément, en utilisant un matériau biosorbant, la chitine à l'état brut. Celle-ci, de formule brute ($C_8H_{13}NO_5$), est obtenue à partir des carapaces broyées de crabes. L'adsorption des métaux par la chitine, à l'équilibre, a lieu dans l'ordre d'affinité suivant : Cu > Cd> Zn. Ceci est confirmé par les valeurs correspondantes de q_m de Langmuir 29,04 > 16,18 > 5,79 mg/g. La récupération des ions métalliques lourds en solution par la chitine demeure toujours un phénomène complexe. La performance d'adsorption de la chitine est fortement liée au pH, la teneur initiale en ion cadmium, la masse et la dimension des particules de la chitine (Benguella et Benaïssa, 2002).

Les mousses aquatiques constituent un indicateur très performant pour évaluer la contamination des écosystèmes par les métaux lourds (Claveri , 1995 ; Gagnon et al., 1999).

Une étude de l'accumulation et de l'élimination du cadmium a été réalisée sur deux mousses aquatiques indigènes du Quebec, Frontinalis dalecarlica et platyhypnidium riparioides (Gagnon et al., 1999). Les expositions du Cd étaient de 0 à 10 µg/l. Les résultats ont montré qu'il se produit une diminution de l'accumulation totale de Cd dans les mousses lorsque la dureté de l'eau passe de très douce à dure. Cette accumulation est influencée également par la concentration initiale de Cd dans l'eau, le temps d'exposition, l'espèce de mousses utilisée et /ou les interactions de ces variables.

Pour nettoyer les eaux et les terres contaminées par les métaux lourds, on entreprend actuellement la phytoremédiation qui consiste à recultiver des plantes à fibres ayant des capacités importantes d'accumulation des métaux lourds et une augmentation considérable de biomasse. Parmi les plantes recultivées, on distingue le saule qui peut réduire de 20 % les quantités de cadmium disponible, le chanvre, le lin, le gazon (Kozlowski et al., 2000).

I-2-5-3 Procédés d'adsorption

a) Adsorption sur charbon actif

L'adsorption sur charbon actif donne des résultats sensiblement différents selon le type de charbon utilisé. D'après Corapcioglu et Haung (1987), au moment de l'introduction du charbon actif dans l'eau il développe une charge à sa surface et acquiert les propriétés d'un amphotère. Ce phénomène est attribué à différentes fonctions de surface comme les groupements phénoliques et carboxyles.

Des résultats peu satisfaisants sont obtenus par addition de charbon actif en poudre au moment de la floculation. Par contre, la filtration sur charbon actif en grains (GAC) permet d'atteindre 95 % d'élimination de cadmium (Montiel, 1974).

Le charbon actif en grain Darco 12-20 mesh (surface spécifique 590 m^2/g) s'est montré efficace pour l'élimination du cadmium des solutions aqueuses. L'adsorption dans ces systèmes est fortement dépendante du pH et du rapport molaire cadmium / charbon actif. Le traitement d'une solution de 10^{-4} molaire de cadmium par 6,7 g/l de charbon actif en grains permet d'atteindre un rendement d'élimination de cadmium allant de 64 % à 68 % pour des pH compris entre 7,42 et 7,59 et peut atteindre 100 % aux alentours du pH de précipitation du cadmium sous forme de $Cd(OH)_2$ (Gabaldon et al., 1996).

D'après Tilaki et Ali (2003), le GAC n'est généralement pas un adsorbant efficace pour le cadmium à faible concentration (inférieure à 5 mg/l). Par contre, l'utilisation d'un biofilm lié à la surface du GAC permet une diminution significative de la teneur initiale du Cd^{2+} en solution.

Selon l'U.S.D.I (2001), l'efficacité du charbon actif en grain lors de son utilisation comme lit filtrant dépend, du type du contaminant, de sa concentration et du type du charbon actif à utiliser. Le risque de développement de bactéries à sa surface nécessite une vitesse de filtration de l'eau adéquate et un contrôle régulier et prudent de la pression de lavage et de filtration. A cela s'ajoute le coût excessif du traitement.

Reed et al.(1993) ont réalisé des essais d'adsorption sur solutions synthétiques de cadmium en utilisant deux types de charbon actif en poudre (PAC), le Darco HDB (surface spécifique 600- 650 m^2 /g) et le Nuchar SN (surface spécifique 1400 à 1800 m^2/g). Les résultats obtenus ont montré que quelque soit le type du charbon actif en poudre (PAC), les rendements d'élimination du cadmium augmentent avec l'augmentation de la masse du charbon actif et avec le pH pour chaque masse.

Deux types de sites peuvent être présents à la surface du charbon actif en poudre, des sites de charges positives et d'autres de charges négatives. Les réactions de complexation du cadmium à la surface du charbon actif en poudre peuvent être écrites comme suit (Reed et Matsumoto, 1991):

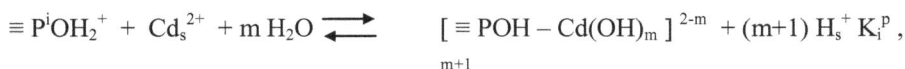

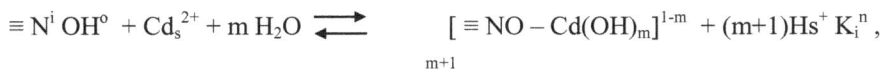

$$\equiv P^iOH_2^+ \ + \ Cd_s^{2+} \ + \ m\,H_2O \rightleftharpoons \quad [\equiv POH - Cd(OH)_m]^{2-m} \ + (m+1)\,H_s^+ \ K_i^P \,,$$
$$\hspace{6cm} m+1$$

$$\equiv N^i\,OH^o \ + \ Cd_s^{2+} \ + \ m\,H_2O \rightleftharpoons \quad [\equiv NO - Cd(OH)_m]^{1-m} \ + (m+1)Hs^+ \ K_i^n \,,$$
$$\hspace{6cm} m+1$$

Où:
m : 0, 1, 2 ou 3
S : nombre de sites.
P : site positif.
N : site négatif.

Le rendement d'élimination du cadmium sur charbon actif en poudre peut atteindre 100 % aux alentours du pH 10 (Reed et al., 1993). Il est apparent que ce résultat n'est pas obtenu par adsorption seule, la précipitation du cadmium sous forme d'hydroxyde peut contribuer. Pour vérifier cette hypothèse, le traitement d'une solution de cadmium (5 mg/l), sans rajout de charbon actif, a été effectué en faisant varier le pH. Il est apparu que la précipitation du cadmium commence à partir du pH 9,2.

D'après cette même étude, le phénomène de complexation diminue avec l'augmentation du rapport cadmium / charbon actif vue la diminution des sites d'adsorption du charbon actif.

b) Adsorption sur les argiles

Selon Ichcho et al.(2002), les schistes bitumineux marocains de Tamahdit (Maroc) sont des roches feuilletées contenant 268,7 g d'argile / Kg et capables d'éliminer totalement le cadmium en solution si elles sont activées à haute température (950 °C). On obtient un rendement de 99,6 % dans le cas du traitement de 50 mg/l de Cd^{2+} par 2,4 g/l de ce matériau adsorbant

Bolton et Evans (1996) ont examiné la capacité de rétention de Cd par certains sols de propriétés diverses de l'Ontario (Canada). Ces sols contiennent entre 33 et 708 g d'argile / Kg. Des expériences d'adsorption en discontinu ont été menées à pH non corrigé du sol ainsi que dans un écart de valeurs de pH corrigés (4,4 à 6,9) par adjonction d'acides ou de bases. Pour tous les sols testés, l'adsorption du Cd augmentait avec le pH et avec la concentration de Cd en solution. La modélisation de la complexation de surface montre que les substances humiques sont les principales surfaces d'adsorption aux valeurs de pH égales ou supérieures à environ 3,5, tandis que les oxydes de Fer hydratés (OFH) ne jouent un rôle important dans la complexation qu'aux valeurs de pH dépassant 7 (Figure 25).

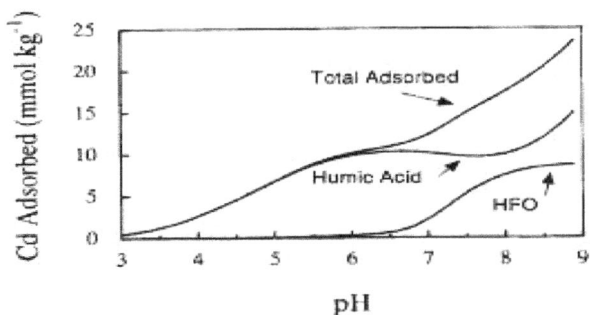

Figure 25 : Evolution de l'adsorption du cadmium en fonction du pH par utilisation du modèle de complexation de surface (Bolton et Evans ,1996)

Srivastava et al. (2004) ont testé l'élimination du cadmium par la kaolinite dans une solution synthétique d'eau distillée contenant 0,01 M $NaNO_3$ et une concentration initiale en Cd de 133,33 µM. Le pH a été varié de 3,5 à 10. Les résultats ont montré que le rendement d'élimination du cadmium par la kaolinite augmente avec l'augmentation du pH et diminue avec l'augmentation de la force ionique. Les phénomènes de rétention du cadmium sur la kaolinite seraient :

- L'attraction électrostatique entre les ions Cd^{2+} et les sites de la kaolinite chargées négativement à faible pH. Ce phénomène participe à l'élimination de 50 % du cadmium initialement présent à pH 7,5.

- Au-delà du pH 7,5, la réaction de surface avec les groupements hydroxyles, AlOH et plus spécialement avec SiOH , devient prédominante.

Ulmanu et al.(2003) ont testé plusieurs adsorbants (Charbon actif, kaolin, diatomite, bentonite) pour l'élimination du Cd^{2+} et du Cu^{2+}. Les concentrations initiales de ces métaux ont été variées de 65 à 200 mg/l. Le pH des solutions synthétiques d'eau distillée a été maintenu à 6 afin d'éviter la précipitation des hydroxydes. Après 3 heures de contact avec 2 g/l de chaque adsorbant, les résultats obtenus montrent que les rendements d'élimination par les matériaux adsorbants testés diminuent avec l'augmentation de la teneur initiale de l'élément. Les meilleurs résultats sont obtenus pour la bentonite vue les faibles teneurs résiduelles obtenues pour les deux éléments séparément. La capacité ultime de Langmuir (q_m) obtenue pour l'élimination du cadmium par la bentonite est de 9,27 mg/g.

Quelques études ont mis en évidence l'efficacité de la bentonite dans l'élimination de métaux lourds des eaux résiduaires algériennes, montrant sa grande capacité d'échange de produits grâce à sa structure feuilletée (Bendjema, 1982 ; Abdelouahab et al., 1987). Abdelouahab et al. (1987) ont ainsi étudié quatre argiles bentonitiques provenant du Nord- Ouest algérien. Leurs résultats ont montré que ces argiles pouvaient être utilisées pour éliminer le cadmium et le zinc des eaux de l'usine de Ghazaouat. L'efficacité du procédé est apparue comme étroitement liée au pH avec un maximum de 90 % d'efficacité à pH égal à 7.

Abollino et al.(2003) ont entrepris une étude sur l'élimination d'ions métalliques (Cd, Cr, Cu, Mn, Ni et Pb) sur une montmorillonite sodique (KSF Aldrich) dont la capacité d'échange de cations est de l'ordre de 30 méq/100g. Les résultats d'essais, pour une gamme de pH variant de 2,5 à 8, ont montré que l'efficacité d'adsorption de ces métaux, et parmi eux le Cd^{2+}, augmente avec l'augmentation du pH (Figure 26).

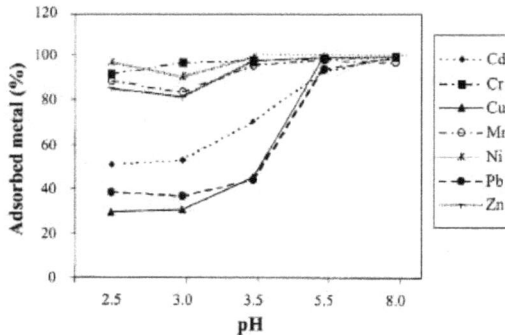

Figure 26 : Adsorption du Cd, Cr, Cu, Mn, Ni, Pb et Zn sur une montmorillonite sodique en fonction du pH (Concentration initiale du métal 10^{-4} M) (Abollino et al.,2003)

Altin et al.(1998 ; 1999a; 1999b) affirment également que le pH a un effet sur la structure de la montmorillonite (Tableau 40) et l'affinité des échanges ioniques à sa surface vis-à-vis des métaux lourds. Ainsi, comme le montre les résultats du tableau 40 la surface spécifique de la montmorillonite augmente avec l'augmentation du pH.

Tableau 40 : Surface spécifique de la montmorillonite déterminée en fonction
du pH (Altin et al., 1999b)
(S_{N2} : Surface spécifique déterminées par utilisation du nitrogène)

pH	S_{N2}
2,5	23,11
4	46,19
5,5	61,36
7,0	65,00
9,0	72,21

Les résultats d'essais réalisés par Altin et al. (1998), montrent que la teneur initiale en cadmium dans l'eau a une influence sur l'adsorption de cet élément sur la montmorillonite. Ainsi, la surface spécifique de la montmorillonite, saturée en Ca^{2+} en utilisant du $CaCl_2$, diminue 6 à 7 fois avec l'augmentation du rapport Cd/Ca en solution. Cette diminution a par conséquence un effet sur la diminution des sites d'adsorption de cette argile pour les ions Cd^{2+}.

Afin d'améliorer la capacité d'adsorption de la bentonite vis-à-vis du cadmium, Gonzalez Pradas et al. (1994) ont testé deux modes d'activation de cette argile. Dans un premier temps, ils ont effectué une activation thermique par cuisson de la bentonite naturelle à deux températures différentes, 110 °C (B-N-110) et 200 °C (B-N-200). Le second traitement est l'activation chimique en rajoutant à l'argile naturelle de l'acide sulfurique à 2,5 mole / l (B-A(2,5)) puis à 0,5 mole/l (B-A(0,5)). Le traitement d'une solution aqueuse contenant 10 mg/l de cadmium a permis d'aboutir au classement de l'efficacité de chaque bentonite selon la capacité d'adsorption du cadmium sur les bentonites utilisées selon l'ordre suivant (Tableau 41):   B-A (2,5) < B-A (0,5) < B-N-110 < B-N-200.

D'après ces résultats, le traitement thermique de la bentonite est plus efficace que le traitement chimique. Ceci en considérant que la cuisson de cette argile à haute température permet de perdre un certain nombre de molécules d'eau contenues dans les cavités de l'argile. Ainsi, les ions cadmium auront plus de sites d'adsorption.

Tableau 41 : Constantes de Langmuir obtenus pour les bentonites utilisées pour
l'adsorption du Cd^{2+} (Gonzalez Pradas et al., 1994)

Bentonites	q_m (mg/g)	b (l/mg)	Coefficient de corrélation
B-N-200	16,50	1,86	0,99
B-N-110	11,41	1,61	0,99
B-A(0,5)	4,91	1,57	0,99
B-A(2,5)	4,11	0,46	0,99

I-2-5-4 Coagulation floculation aux sels d'aluminium et de fer

La floculation au sulfate d'aluminium ou au sulfate ferrique est très sensible aux variations de pH. Les résultats optima sont obtenus pour des pH supérieurs à 8. Le sulfate d'aluminium donne des résultats nettement moins bons que le sulfate ferrique (Cousin, 1980).

Selon l'USEPA (1977), le traitement au sulfate ferrique d'une eau contenant initialement 0,03 mg de cadmium/l permet d'en éliminer plus de 90 % à un pH dépassant 8, et seulement 30 % au pH 7. La coagulation au sulfate d'aluminium élimine moins de 50 % du cadmium à un pH allant de 6,5 à 8,3.

Les travaux de cousin (1980) ont montré également que l'élimination de 25 µg/l de cadmium avec 70 mg/l de sulfate d'aluminium et 0,5 mg/l d'alginate de sodium permet d'atteindre un rendement de 40 %. Si l'on rajoute 1 mg/l de bentonite, ce rendement s'améliore jusqu'à 70 %.

I-2-5-5 Précipitation chimique à la chaux

L'élimination du cadmium par précipitation chimique à la chaux n'est effectuée que si le cadmium est à l'état d'ions et non de complexes. Il précipite sous forme d'hydroxydes ou encore d'hydrocarbonates dans la zone de pH variant entre 8,8 et 9,5 (Degrémont, 1989). Selon Tchobanoglous et al.(2003), la solubilité de $Cd(OH)_2$ varie selon le pH comme le montre la figure 27, le minimum de solubilité de cet hydroxyde est obtenu dans la gamme de pH 10 à 12.

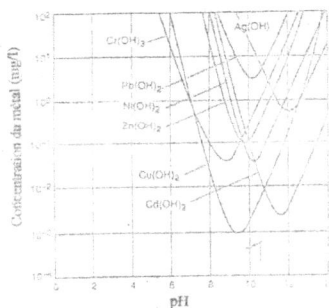

Figure 27: Teneur résiduelle du métal soluble en fonction du pH lors de la précipitation des métaux sous forme d'hydroxydes (Tchobanoglous et al., 2003).

D'après cousin (1980), la précipitation chimique à la chaux est parmi les traitements qui donnent les meilleurs résultats d'élimination du cadmium, il permet d'atteindre un rendement de 98 % à pH compris entre 8,5 et 11,3.

Selon l'USEPA (1977), ce traitement permet d'éliminer environ 98 % d'une concentration initiale de 0,03 mg par litre d'eau d'un pH allant de 8,5 à 11,3. La précipitation chimique à la chaux peut aboutir à des teneurs en métaux lourds souvent bien inférieures aux normes imposées. Ainsi, lors du traitement de l'eau de la Meuse, à la station de Taiffer, la teneur du cadmium diminue de 5,7 µg/l à 0,25 µg/l (Masschelein, 1996).

L'étude de Semerjian et al. (2002) sur une eau usée a permis d'atteindre 82,4 % d'élimination du cadmium par précipitation chimique à la chaux. La présence des ions magnésium (Mg^{2+}) favorise l'abaissement du cadmium par précipitation chimique à la chaux lorsque le milieu est très basique. L'élimination du cadmium est estimée à 99 % en présence de magnésium alors qu'elle ne peut dépasser 82,4 % en son absence. Selon cette même étude, l'utilisation de NaOH, afin de précipiter le cadmium sous forme de $Cd(OH)_2$ s'est avérée moins performante que l'utilisation du $Ca(OH)_2$ car on n'obtient que 72,8 % d'élimination.

Lors du traitement des effluents industriels, l'utilisation de la chaux est préférée à la soude du fait qu'elle assure une meilleure décantation des matières en suspension et la déshydratation des boues. De plus, même si la consommation de réactif alcalin étant très importante, la chaux présente l'avantage d'être moins onéreuse que la soude (Girard et Le Doeuf, 1982).

I-3 Les phosphates

I-3-1 Propriétés physico-chimiques des phosphates

Les phosphates de symbole PO_4^{3-} sont de poids moléculaire 95 et sont un composé du phosphore (P) (Kemmer, 1984).

Le phosphore (P) peut se trouver sous différentes formes oxydées; sous la forme acide, on trouve les acides méta (HPO_3), pyro ($H_2P_2O_7$) et ortho (H_3PO_4) (Rodier, 1996). En règle générale, les phosphates sont incolores (Nekrassov, 1969). Les formes chimiques sous lesquelles se rencontre le phosphore (Ahamad, 1992; Rodier, 1996 ; Potelon et Zysman, 1998) dépendent de l'acidité du milieu comme le montre la figure 28. Dans les eaux naturelles de pH compris entre 5 et 8, seules les formes $H_2PO_4^-$, HPO_4^{2-} existent et également sous forme dissociée plus élevée, PO_4^{3-} (Kemmer, 1984).

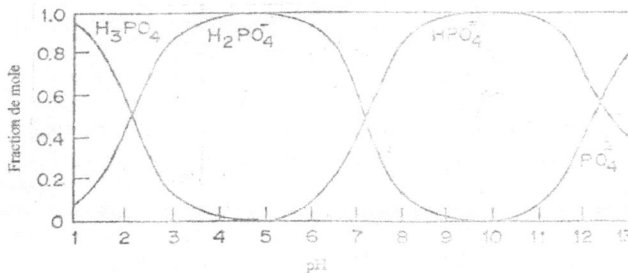

Figure 28: Effet du pH sur la répartition des différentes espèces de phosphates (Ahamad,1992)

La teneur en phosphates peut être exprimée en mg/l de PO_4^{3-}, de P_2O_5 ou de P (Potelon et Zysman, 1998):

$$1mg/l \ \mathbf{PO_4^{3-}} = 0,747 \ mg/l \ \mathbf{P_2O_5} = 0,326 \ mg/l \ \mathbf{P}$$

I-3-2 Origine et domaine d'utilisation des phosphates

Le phosphore se classe parmi les éléments extrêmement répandus. Il constitue environ 0,004% du nombre total d'atomes de l'écorce terrestre (Nekrassov, 1969). Le phosphore naturel est extrait des sols (gisement miniers) sous forme de phosphates de calcium dont l'apatite $Ca_5(PO_4)_3F$ et l'hydroxyapatite $Ca_5(PO_4)_3(OH)$(Kemmer, 1984; Cemagref, 2004). Les gisements sont principalement exploités aux Etats-Unis (Floride), en Russie, en Afrique du Nord et en Océanie (Cemagref, 2004).

Les composants du phosphore sont largement utilisées comme engrais, pesticides et détergents (Kemmer, 1984; Potelon et Zysman, 1998). Ils peuvent être utilisés pour la production agroalimentaire, dans les ateliers de traitement de surface et peuvent provenir des traitements des eaux contre la corrosion et l'entartrage (poly phosphates) (Potelon et Zysman, 1998; Cemagref, 2004).

I-3-3 Effets et nuisances des phosphates

Le phosphore est un élément essentiel pour le métabolisme humain, dont les besoins quotidiens sont de l'ordre de 1 à 3 grammes, sa carence peut entraîner faiblesse, anorexie et douleurs osseuses (Rodier, 1996 ; Potelon et Zysman, 1998). Le phosphore intervient dans le processus de synthèse des protéines, par sa présence dans les acides nucléiques tels l'ARN et l'ADN, et également dans le cycle de production d'énergie au sein de la cellule, par sa présence dans les molécules d'ADP et d'ATP. On peut noter en plus la présence du phosphore dans les os, les dents, les nerfs,… (Cemagref, 2004).

A doses élevées, les sels de pyro- et méta phosphates peuvent inhiber l'utilisation des sels de calcium et engendre des nausées, diarrhées, hémorragies gastro-intestinales, ulcération, atteintes rénales et hépatiques. En revanche, l'orthophosphate ne constitue pas un risque pour la santé.

Les phosphates (teneurs supérieures à 0,2 mg/l) conduisent à l'eutrophisation des lacs, des cours d'eau qui favorise le développement excessif d'algues (Potelon et

Zysman, 1998; Cemagref, 2004). Les conséquences de l'eutrophisation des eaux de surface sont multiples. Le développement excessif d'algues augmente la turbidité des eaux de surface, modifie leur couleur et peut être source d'odeurs nauséabondes. L'eutrophisation nuit alors à la qualité des eaux de surface, ce qui limite leurs usages : production d'eau potable, loisirs (pêche, baignade, sport nautique, …), activités industrielles (transport, production d'énergie électrique) (Cemagref, 2004).

I-3-4 Présence des phosphates dans l'eau

Les phosphates font partie des anions facilement fixés par le sol. Leur présence dans les eaux naturelles est liée à la nature des terrains traversés et à la décomposition de la matière organique. Dans les zones phosphatières, la plupart des eaux contiennent des quantités quelquefois importantes de phosphates, souvent associés à des fluorures (Rodier, 1996).

Dans les eaux de surface, la teneur naturelle en phosphates ou en orthophosphates est de l'ordre de 0,1 à 0,3 mg/l. La présence de phosphore dans les eaux souterraines est généralement un indice de pollution (Potelon et Zysman, 1998).

Ces sels peuvent être présents dans les eaux sous des formes et des concentrations variables (Degrémont, 1989; Cemagref, 2004) :

. Acide phosphorique des effluents d'usine d'engrais phosphatés avec présence de HF et de SiO_2

• Phosphates des eaux usées domestiques.

• Phosphates des purges de chaudières.

• Polyphosphates et hexamétaphosphates de circuits de refroidissement.

La directive des communautés européennes (CEE) indique comme teneur du phosphore dans l'eau destinée à la consommation humaine un niveau guide de 0,4 mg/l et une concentration maximale admissible de 5 mg/l exprimée en P_2O_5. La réglementation française retient cette même valeur limite de 5 mg/l (Potelon et Zysman, 1998). Par contre, aucune valeur indicative n'a été recommandée par l'OMS (OMS, 2004).

Quelques études en Algérie ont données une idée sur le danger de pollution qui peut être causé par les eaux résiduaires de certaines industries contenant des teneurs élevées en phosphates.

- Selon Benadda et al.(2003), la présence de teneurs anormalement élevées d'indicateurs de pollution tel que les ortho phosphates, caractérise un état de pollution extrême des milieux récepteurs dans la plaine de Maghnia, Oued El Abbès et Oued Ouerdifou et surtout le barrage Hammam Boughrara. Les sources de pollutions industrielles se répartissent entre quatre unités.

• E.C.V.O: c'est l'entreprise de céramique vaisselle.

• E.N.C.G: c'est le complexe de corps gras. Il produit de l'huile, savon et la glycérine.

• E.R.I.A.D: c'est l'entreprise des industries alimentaires et dérivées. L'unité fabrique des produits dérivés de maïs.

• E.N.O.F: c'est l'entreprise des produits miniers non ferreux et des substances utiles. Elle produit la terre décolorante, bentonite de fonderie.

Le tableau 42 indique la teneur des ortho phosphates dans les rejets liquides de chaque unité.

Tableau 42 : Analyses chimiques des rejets liquides de chaque unité
(Benadda et al., 2003)

	E.C.V.O	E.N.C.G	E.R.I.A.D	E.N.O.F
Température (°C)	19	18	23	18
pH	8,3	7,9	5,03	6,37
Orthophosphates (mg/l)	1,75	6,75	2,7	0,08

- Menani et Zuita (2004) affirment que le risque de contamination de la nappe phréatique de la plaine d'El Madher est réel lorsqu'on sait que des rejets industriels ne subissent aucune épuration ou traitement en amont. Les principales activités industrielles susceptibles d'être considérées comme polluantes sont la production textile, les tanneries, la production du lait et ses dérivés, la production de batteries pour véhicules (02 unités), la production de goudron, l'abattoir avicole et de viande rouge. Oued El Gourzi draine les rejets industriels et urbains de la ville de Batna ainsi que ceux des agglomérations voisines qu'il traverse (Bouyelf, Fesdis, Djerma) pour atteindre la plaine d'El Madher qui est située à environ 15 Km au Nord-Est de la ville de Batna.

I-3-5 Procédés d'élimination des phosphates

I-3-5-1 Elimination physico-chimique des phosphates

Les procédés physico-chimiques de précipitation du phosphore utilisant les sels de fer ou d'aluminium ou encore de la chaux, sont facilement mis en œuvre et ne nécessitent pas de surveillance particulière. Cette technique est fiable et les rendements obtenus sont supérieurs à 80% (GLS, 2003; Youcef et Achour, 2005).

a) Utilisation des sels de fer et d'aluminium

Le phosphate peut être réduit à des niveaux très bas avec l'aluminium, l'aluminate de sodium, le chlorure ferrique $FeCl_3$, le chlosulfate ferrique $FeClSO_4$, le sulfate ferreux $FeSO_4$ avec formation de phosphate d'alumine et de phosphate de fer (Kemmer, 1984 ; Degrémont, 1989; Tchobanoglous et al., 2003 ; Cemagref, 2004).

Les réactions de précipitation des phosphates avec l'aluminium et le fer sont les suivantes (Tchobanoglous et al., 2003):

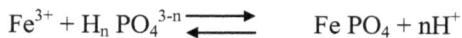

$$Al^{3+} + H_n PO_4^{3-n} \rightleftarrows Al\,PO_4 + nH^+$$

$$Fe^{3+} + H_n PO_4^{3-n} \rightleftarrows Fe\,PO_4 + nH^+$$

Al PO_4 et Fe PO_4 sont des sels très peu solubles mais qui précipitent à l'état colloïdal. Le précipité est éliminé par adsorption sur un excès d'hydroxyde métallique. Le pH optimal de précipitation des phosphates en utilisant un sel d'aluminium est 6. Par contre, en utilisant un sel de fer, il est plus faible et est de 5 (Degrémont, 1989).

Les valeurs résiduelles en P obtenues peuvent être inférieures au mg/l en impliquant des doses de sels de fer et d'aluminium relativement élevées (Degrémont, 1989).

Le rendement d'élimination du phosphore dépend de différents facteurs (Cemagref, 2004). On peut citer la nature du réactif employé, le rapport molaire, le pH des boues, et la concentration initiale en phosphore. Le tableau 43 montre l'influence du rapport molaire sur l'efficacité de l'élimination du phosphore sur une station d'épuration employant un réactif à base d'aluminium. Ainsi, le rendement d'élimination du phosphore s'améliore avec l'augmentation du rapport molaire Al/P.

Tableau 43: Influence du rapport molaire sur le rendement d'élimination de P
(Cemagref, 2004)

Rendement sur P	Rapport molaire Al/P à précipiter
75%	1,4
85%	1,7
95%	2,3

b) Utilisation des sels de calcium

L'élimination des phosphates des eaux peut être réalisée en les faisant précipiter sous forme de phosphate de calcium. Ce procédé peut être réalisé de deux manières :

b-1) Par précipitation à la chaux

Dans le traitement des eaux, la chaux est souvent ajoutée sous forme de $Ca(OH)_2$. Lors de son introduction dans l'eau, elle réagit avec les bicarbonates de l'eau pour précipiter le carbonate de calcium. Un excès de chaux jusqu'à obtention d'un pH 9 à 12 aboutit à la formation du précipité $Ca(PO_4)_2$ qui se trouve sous forme colloïdale (Degrémont, 1989). En parallèle et à pH supérieur à 10, en présence d'un excès de chaux, les ions calcium vont réagir avec les phosphates pour précipiter sous forme d'hydroxyapatite $Ca_{10}(PO_4)_6(OH)_2$ (Tchobanoglous et al., 2003) comme le montre la réaction :

$$10Ca^{2+} \ + \ 6PO_4^{3-} + \ 2 \ OH^- \ \rightleftharpoons \ Ca_{10}(PO_4)_6(OH)_2$$

Du fait que la chaux réagit avec l'alcalinité de l'eau, la quantité de chaux nécessaire pour l'élimination des phosphates et en général indépendante de leur concentration initiale
(Tchobanglouset al., 2003).

La solubilité de l'hydroxyapatite diminue avec l'augmentation du pH et par conséquent l'élimination du phosphore croit avec le pH. A pH supérieur à 9,5 l'essentiel de l'hydroxyapatite est insoluble (Cemagref, 2004).

On n'accède à l'hydroxyapatite que très lentement, par recristallisation de composés moins stables obtenus dans un premier temps (Roques, 1990). L'apparition du précipité amorphe aussi bien que la recristallisation en apatite sont gênées par certains ions ou corps étrangers (Roques, 1990). Le plus actif parmi ces ions est le Mg. Les carbonates et bicarbonates indépendamment du fait qu'ils consomment de la chaux avant d'être précipités sous forme de $CaCO_3$, ont un effet inhibiteur très net sur les phosphates de calcium.

b-2) Par ajout des ions calcium ($CaCl_2$) en présence d'une base (NaOH)

Selon Seckler et al.(1996), l'augmentation du rapport Ca/P permet une meilleure élimination des phosphates. En absence des carbonates et du magnésium, le rendement atteint 50 à 65%. En leur présence, il peut atteindre 80 à 95% . Le pH correspondant à ces conditions est dans la gamme de 7,5 à 9. La composition de la phase solide est la suivante :

L'apatite $Ca_5(PO_4)_3OH$, phosphate tricalcique amorphe $Ca_3(PO_4)_2$, brushite $CaHPO_4$,$2H_2O$ et l'octacalcium phosphate $CaH(PO_4)_3$. La précipitation est contrôlée par le pH et la concentration des ions calcium.

Moutin et al.(1992) ont montré que lorsque la précipitation du phosphate de calcium est réalisée en présence de 1,25 à 3,75 mM des ions calcium (sous forme de $CaCl_2$) et en utilisant le NaOH , le phosphate de calcium précipite dés que le pH atteint 8. L'analyse aux rayons X du précipité à un pH de 9 a montré que ce précipité est amorphe ($Ca_3(PO_4)_2$).

c) Procédés d'adsorption

Divers travaux ont porté sur les possibilités d'adsorption des phosphates sur des matériaux de natures différentes.

L'étude de Lagrouri et al. (2002) s'est intéressée à l'élaboration d'un charbon actif à partir de la mélasse, produit issu de l'industrie sucrière. En utilisant 100 mg/l de ce charbon, des essais de traitement d'un effluent industriel ont été réalisés. Les rendements d'élimination des orthophosphates ont pu atteindre 40 %. Selon Bhargava et Sheldarkar (1993), les mécanismes de fixation des phosphates sur le charbon actif seraient l'adsorption, la précipitation ainsi que l'échange d'ions.

La possibilité de fixation des phosphates par les sols argileux est connue depuis longtemps. On peut l'expliquer par la formation de sels insolubles avec le fer ou l'aluminium

(Cousin, 1980).

L'élimination des phosphates a été testée par Ioannou et al.(1994) sur une bentonite calcique de capacité d'échange de cations 41,2 méq/l. Il s'est avéré que l'adsorption des phosphates diminue avec l'augmentation du pH et que le meilleur coefficient de corrélation a été obtenu selon l'ordre suivant des isothermes d'adsorption appliquées : Langmuir (0,995) puis Temkin (0,98) et enfin Freundlich (0,96).

Une étude de Boulmoukh et al. (2003) a été consacrée à l'étude du rôle d'un sol sableux du sud-Est algérien (région d'El-Oued) dans la rétention des phosphates dans le but d'améliorer le rendement agricole de ces terres. En parallèle, ils ont réalisé une étude sur la fixation des phosphates sur une argile naturelle ayant subi des modifications. Il est apparu que les isothermes d'adsorption d'ions phosphate sur les différents échantillons de cette étude sont caractéristiques de phénomènes d'adsorption favorables.

Benzizoune et al. (2004) ont réalisé des essais afin de déterminer la cinétique d'adsorption du phosphore sous forme d'anions orthophosphates (PO_4^{3-}) sur les sédiments superficiels, prélevés au niveau du lac Fouarat, prés des rejets d'eaux usées de la ville de Kénitra au Maroc. Cette étude a montrée que 50 à 75% des ions PO_4^{3-} en solution aqueuse sont adsorbés sur les sédiments étudiés au bout de la première heure de leur mise en suspension dans l'eau. Le piégeage du phosphore sur les particules sédimentaires serait l'un des processus importants d'élimination de cet élément du compartiment aquatique. La rétention des phosphates par les sédiments serait influencée par le pH, la température, la concentration des ions phosphates ainsi que par la concentration en suspension de sédiment.

Roques (1990) a montré que, par passage sur alumine activée, on pouvait réduire à un niveau très bas la teneur en phosphates et par conséquent que l'on pouvait en tirer un procédé de déphosphatation. Dans ce but, l'activation préalable par HNO_3 est indispensable.

La fixation des phosphates sur des résidus solides plus au moins riches en alumine peuvent être également efficaces (Roques, 1990) telles que les cendres volantes et les boues rouges restant après attaque alcaline de la bauxite au cours de la fabrication de l'aluminium.

I-3-5-2 Déphosphatation biologique

Dans ce cas de traitement, la biomasse déphosphatante correspond aux bactéries. Celles- ci sont identifiées comme étant les spécialistes de la déphosphatation biologique. Le métabolisme des bactéries fait intervenir le phosphore au niveau des phénomènes régissant le stockage ou l'utilisation de l'énergie (GLS, 2003). La déphosphatation biologique est plus délicate à mettre en œuvre et les rendements obtenus ne sont pas aussi fiables en raison des fluctuations de charge en phosphore. En outre, les rendements atteignables ne sont que de l'ordre de 50 à 60 %, ce qui explique en général un procédé mixte de déphosphatation, procédé biologique et précipitation chimique (GLS, 2003).

L'ajout des réactifs de précipitation peut être réalisé directement dans ou à la sortie du bassin d'activation ou en tête de station (Roques, 1990).

Au niveau de la station d'épuration de Blois (France), une étude réalisée en 1996 par Cauchi et al. a montré que la déphosphatation biologique seule ne peut permettre d'obtenir le niveau de déphosphatation exigé. Pour y satisfaire, un réactif adapté est alors injecté à la sortie du bassin biologique. Trois sels métalliques, le chlorure ferrique, le chloro-sulfate ferrique et le chlorure d'aluminium ont été utilisés séparément en déphosphatation mixte. Leurs performances ont été comparées. Les résultats ont montré que le chlorure ferrique est meilleur que le chlorosulfate ferrique et le chlorure d'aluminium.

I-4 Conclusion

Au cours de ce chapitre, il nous a été possible de passer en revue les principales caractéristiques du cadmium et des phosphates. Concernant le cadmium, nous avons constaté que cet élément est un métal lourd présent en faible quantité dans la croûte terrestre. Les eaux naturelles contiennent, en général, moins d'un microgramme de cadmium par litre. Mais lorsque les teneurs en cet élément deviennent élevées, son origine n'est plus géochimique et devient le fait d'une contamination engendrée par les activités humaines. L'industrie est ainsi responsable de la quasi-totalité des rejets du cadmium dans l'eau. L'utilisation en agriculture d'engrais phosphatés, de boues de station d'épuration ou d'eaux usées urbaines et industrielles pour l'irrigation, contribue également à la pollution des sols et des eaux naturelles. Chez l'homme, l'exposition chronique au cadmium porte atteinte surtout aux reins, organe cible du cadmium. Ce dernier est également suspecté de mutagènicité, voire de cancérogénicité. Afin de réduire les effets néfastes du cadmium, la législation impose des teneurs limites en ce métal dans les eaux potables, dans les rejets industriels, dans les boues d'épuration et dans les sols cultivés.

Quant aux phosphates, ce sont des composés du phosphore, éléments essentiels pour le métabolisme humain. Largement utilisés comme engrais, pesticides et détergents, la présence de phosphates dans les cours d'eau et les lacs est responsable de leur eutrophisation, provoquant la prolifération anarchique d'algues et une surconsommation de l'oxygène dissous dans l'eau. Il est donc nécessaire de limiter l'apport des phosphates dans les eaux, dû essentiellement aux effluents urbains industriels ou agricoles.

De nombreuses techniques de dépollution ont été développées au cours de ces dernières années.

- L'élimination du cadmium par échangeurs ioniques (clinoptilolite, résines, hydroxyapatite,...) nécessite un milieu très acide et une régénération du matériau saturé en cadmium. Les procédés membranaires (ultrafiltration, osmose inverse) ont prouvé leur efficacité mais semblent être coûteux, du fait qu'ils nécessitent un prétraitement adéquat et une maintenance rigoureuse. Les procédés biologiques (utilisation de boues activées, la chitine, les mousses aquatiques,...) restent encore au stade d'études en laboratoires mais semblent toutefois prometteurs. Leur efficacité est fortement liée à la teneur initiale en ion cadmium, la masse de matériau utilisé ainsi que du pH initial de la solution aqueuse. Certains matériaux tels que le charbon actif et les argiles ont été testés en tant que matériaux adsorbants du cadmium. Le charbon actif donne des résultats sensiblement différents selon le type du charbon utilisé. Ces résultats sont fortement dépendants du pH et du rapport molaire Cd^{2+} / charbon actif. A cela s'ajoute le coût excessif du traitement. L'utilisation d'argiles (kaolinite, bentonite,…) a prouvé leur efficacité d'élimination du cadmium qui dépend de leurs surfaces spécifiques et de leurs fonctions de surfaces. L'activation thermique de ces argiles permet d'améliorer leur capacité sorptionnelle. La floculation aux sels d'aluminium ou de fer est très sensible aux variations du pH. Le sulfate d'aluminium donne des résultats nettement moins bons que le sulfate ferrique. La précipitation du cadmium sous forme d'hydroxyde ($Cd(OH)_2$) à pH élevé par ajout de la chaux est un procédé efficace.

- La déphosphatation des eaux peut être effectuée en adoptant des procédés physico-chimiques de précipitation ou d'adsorption, biologique ou par combinaison des deux traitements selon la nécessité. Les procédés physico-chimiques de précipitation utilisant les sels de fer ou d'aluminium ou encore de la chaux, sont facilement mis en œuvre et ne nécessitent pas de surveillance particulière. Ces procédés se basent sur la formation de précipités peu solubles de phosphates qui dépend du pH. L'élimination des phosphates peut être réalisée également par adsorption sur des matériaux de natures différentes (charbon actif, sols argileux, sédiments, bentonite,…). La rétention des phosphates par l'un de ces matériaux est influencée par le pH, la concentration des ions phosphates ainsi que de la masse de l'adsorbant. La déphosphatation biologique est plus délicate à mettre en œuvre et les rendements obtenus sont souvent variables en raison des fluctuations de charge en phosphore.

Chapitre II : Elimination du cadmium et des phosphates par des procédés de précipitations

II-1 Introduction

Au cours de ce chapitre, nous nous sommes intéressés à l'élimination du cadmium et des phosphates par des procédés de précipitation chimique à la chaux et par coagulation floculation au sulfate d'aluminium.

Concernant le cadmium, les essais ont été réalisés sur des solutions synthétiques préparées par dissolution du métal aussi bien dans l'eau distillée que dans des eaux souterraines.Quant aux phosphates, seule l'eau distillée a été utilisée comme milieu de dilution.

Au cours des essais réalisés sur le cadmium et les phosphates, différents paramètres réactionnels ont été testés (doses de réactifs, pH, teneur initiale de l'élément, la minéralisation totale).

II-2 Procédure expérimentale
II-2-1 Préparation des solutions
II-2-1-1 Solution mère de cadmium

La solution mère de cadmium est préparée à raison de 1 g/l de cadmium en faisant dissoudre 1,631 g de chlorure de cadmium $CdCl_2$ à 99 % de pureté (Produit ALDRICH) dans un litre d'eau distillée ou d'eau minéralisée. Cette solution a été utilisée pour des dilutions successives soit pour établir l'étalonnage de l'électrode spécifique au cadmium, soit pour la préparation des solutions synthétiques de cadmium utilisées dans le cadre des essais.

II-2-1-2 Solution mère de phosphates

Nous avons préparé une solution mère d'hydrogénophosphate de sodium (Na_2HPO_4) à 1 g de PO_4^{3-} / litre d'eau distillée. Par dilution de cette solution à 5 mg de PO_4^{3-} /l, nous avons préparé les solutions synthétiques d'eau distillée utilisées lors des essais de précipitation.

II-2-1-3 Solutions mères de chaux et de sulfate d'aluminium

La solution mère de chaux a été préparée sous forme d'un lait de chaux à 10 g/l de $Ca(OH)_2$ et agitée constamment. Celle du sulfate d'aluminium a été préparée à raison de 10 g/l en utilisant $Al_2(SO_4)_3$, $18H_2O$.

II-2-2 Description des milieux de dilution

II-2-2-1 Milieux de dilution du cadmium

Afin de réaliser nos essais, nous avons utilisé d'une part l'eau distillée et d'autre part des eaux minéralisées provenant de la région de Biskra. Les eaux souterraines ont été prélevées au niveau des forages de Fontaine des gazelles, Sidi Khelil, et El-Alia .

Les caractéristiques physico-chimiques de ces eaux minéralisées sont présentées dans le tableau 44.

Tableau 44: Caractéristiques physico-chimiques des eaux de dilution du cadmium

Paramètre	Eaux souterraines		
	Fontaine des Gazelles	Sidi Khelil	El-Alia
pH	7,7	7,65	7,3
Conductivité (μS/cm)	725	1330	4910
TH (°F)	50	86	208
Ca^{2+} (mg/l)	160	224	400
Mg^{2+} (mg/l)	24	72	259
TAC (°F)	22	18	21
Cl^- (mg/l)	70	135	400
SO_4^{2-} (mg/l)	93	580	1200
Cd^{2+} (μg/l)	non détecté	non détecté	non détecté

II-2-2-2 Milieux de dilution des phosphates

Pour la préparation des solutions synthétiques de phosphates nous avons utilisé l'eau distillée dont les caractéristiques sont données dans le tableau 17.

II-2-3 Méthodes de dosage
II-2-3-1 Dosage du cadmium

Le cadmium en solution a été dosé en utilisant une méthode potentiométrique grâce à une électrode spécifique. L'ensemble de l'appareillage se présente comme suit :

- Un pH mètre- potentiomètre de terrain (pH 96 WTW).
- Un support complet d'électrodes
- Une électrode de référence au chlorure d'argent (ELIT 001 AgCl 56113).
- Une électrode spécifique aux ions cadmium (ELIT 8241 Cd^{2+} 55670).
- Un agitateur magnétique (Ficher Brand). Remarquons que l'agitation de la solution à analyser accélère la réponse de l'électrode.

Pour les échantillons à analyser, nous utilisons des bechers en matière plastique de capacité 50 ml. La conservation des solutions étalons nécessite des fioles jaugées de même matière. L'utilisation du verre est déconseillée afin d'éviter l'absorption des ions cadmium.

L'étalonnage de l'électrode spécifique est effectué à l'aide d'une série de solutions étalons dont les concentrations en cadmium sont connues (4.10^{-3} à 50 mg/l). La force ionique de l'échantillon à doser est maintenue constante en ajoutant une solution tampon ISAB à 5 M de $NaNO_3$. Pour chaque concentration en ions cadmium, nous pouvons effectuer la lecture du potentiel (en mV) correspondant sur le potentiomètre (Tableau 45). La figure 29 présente un exemple du résultat de l'étalonnage de l'électrode au cadmium.

146

Tableau 45: Données de la courbe d'étalonnage de l'électrode du cadmium

Cd $^{2+}$ (mg/l)	0,004	0,008	0,01	0,02	0,05	0,08	0,1	0,2	0,4	0,8
Potentiel mesuré (mV)	-252	-244	-242	-239	-232	-225	-220	-216	-208	-200
Cd $^{2+}$ (mg/l)	1	2	4	6	8	10	20	30	50	
Potentiel mesuré (mV)	-196	-188	-179	-173	-170	-168	-163	-158	-153	

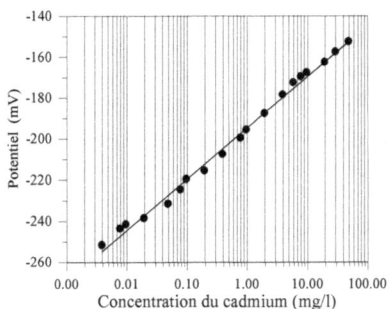

Figure 29 : Courbe d'étalonnage de la mesure du cadmium

L'ajustement des points expérimentaux apparaissant dans le tableau 4 en annexe, par la méthode des moindres carrés non linéaires, aboutit à la relation suivante avec un coefficient de corrélation égal à R^2 = 0,994.

$$E = 24,9801 \text{ Log } (Cd^{2+}) - 195, 157$$

E: Potetiel en mV

Cd^{2+} : Concentration en cadmium en mg/l.

II-2-3-2 Dosage des phosphates

Pour déterminer la teneur des ions PO_4^{3-} dans les échantillons d'eau, nous avons opté pour la méthode colorimétrique. Il s'agit d'une méthode rapide et facile à utiliser.

147

Le dosage s'effectue grâce à un photomètre PALINTEST réglé à une longueur d'onde de 640 nm, la gamme de mesure varie de 0 à 4 mg/l. A 10 ml de chaque échantillon on ajoute successivement les pastilles N°1 LR et N°2 LR puis on attend 10 minutes pour lire le résultat.

II-2-3-3 Dosage des paramètres physico-chimiques des échantillons d'eau

Nous avons déterminé les paramètres physico-chimiques (pH, conductivité, TH, TAC, Ca^{2+}, Mg^{2+}, Cl^-, SO_4^{2-}) des solutions aqueuses en suivant les méthodes standards d'évaluation de la qualité résumés précédemment (Cf. Tableau 17).

II-2-4 Description des essais

Afin de réaliser les essais de précipitation chimique à la chaux ou de coagulation floculation au sulfate d'aluminium pour l'élimination du cadmium ou des phosphates, nous avons utilisé des bechers en plastiques de 500 ml de solution synthétique où nous avons introduit des doses croissantes de réactifs ($Ca(OH)_2$ ou ($Al_2(SO_4)_3$, $18H_2O$). Ceci, en prélevant des volumes différents à partir de la solution mère du réactif considéré. Les essais de jar-test ont été réalisés sur un floculateur à 6 agitateurs (Floculateur Fisher 1198) avec une vitesse de rotation individuelle variant entre 0 et 200 tr/min.

Au cours de notre étude, les solutions enrichies en cadmium ou en phosphates et l'un des réactifs déjà cités sont soumises pendant 3 min à une agitation rapide de 200 tr/min. La vitesse est par la suite réduite à 60 tr/min pour une durée de 17 minutes. Après une décantation de 30 minutes, on prélève de chaque becher un échantillon pour pouvoir mesurer la teneur de cadmium ou de phosphates ainsi que le pH.

II-2-4-1 Essais d'élimination du cadmium

a) Précipitation chimique à la chaux

Nous avons réalisé les essais de précipitation chimique à la chaux sur des solutions synthétiques d'eau distillée et d'eaux minéralisées dopées par du $CdCl_2$. Les solutions synthétiques d'eau distillée ont été préparées en dopant cette eau par du $CdCl_2$ à des teneurs de 5 à 50 mg de Cd^{2+}/l.

L'effet de la minéralisation totale sur l'élimination du cadmium par précipitation chimique à la chaux a été étudié sur des eaux souterraines provenant de la région de Biskra et dopées par 20 mg/l de cadmium. Nous avons suivi l'évolution du cadmium résiduel en fonction de la dose de chaux introduite dans chaque eau. Des doses croissantes de chaux ont été introduites variant de 10 à 800 mg/l.

b) Coagulation floculation au sulfate d'aluminium

Sur solutions synthétiques d'eau distillée, nous avons étudié l'effet de la concentration initiale en cadmium (5 à 50 mg/l) en faisant varier la dose de sulfate d'aluminium de 10 à 100 mg/l pour chaque solution traitée. L'effet du pH initial (4 à 10) a été également testé sur une solution synthétique d'eau distillée contenant initialement 20 mg/l de cadmium en introduisant dans un premier temps une dose constante de sulfate d'aluminium (10 mg/l). Les mêmes essais ont été ensuite réalisés sans ajout du coagulant.

Les solutions synthétiques d'eaux minéralisées (Cdo =20 mg/l) ont été préparées de la même manière que dans le cas de la précipitation chimique à la chaux. Le traitement de ces solutions a été réalisé en introduisant des doses variables de sulfate d'aluminium allant de 10 à 80 mg/l.

II-2-4-2 Essais d'élimination des phosphates

a) Précipitation chimique à la chaux

Sur solutions synthétiques d'eau distillée de 5 mg de PO_4^{3-} / litre, nous avons en premier lieu introduit des doses variables de chaux allant de 20 à 700 mg/l afin de déterminer la dose optimale de chaux.

b) Coagulation floculation au sulfate d'aluminium

Nous avons réalisé les essais d'élimination de 5 mg de PO_4^{3-}/l en solutions synthétiques d'eau distillée par coagulation floculation en fixant le pH pendant le traitement (4, 6 et 9). Le pH des solutions a été maintenu constant durant les essais en utilisant les solutions de NaOH et HCL 0,1 N. Pour chaque cas, la dose de sulfate d'aluminium a été variée de 0 à 800 mg/l.

II-3 Résultats des essais d'élimination du cadmium

II-3-1 Elimination du cadmium en solutions synthétiques d'eau distillée

II-3-1-1 Précipitation chimique à la chaux

Afin d'observer l'influence de la concentration initiale en cadmium (Cdo) sur l'élimination de cet élément par précipitation chimique à la chaux, nos essais ont été réalisés sur des solutions synthétiques avec des concentrations en cadmium variant de 5 à 50 mg/l. Pour chaque solution, des doses croissantes de chaux (10 à 800 mg/l) sont introduites. En fin de traitement, nous avons suivi l'évolution du cadmium résiduel ainsi que le pH.

Les résultats que nous avons obtenus au cours de nos essais apparaissent sur la figure 30. A partir de ces résultats, nous pouvons constater une diminution du cadmium résiduel (Cdr) en augmentant la dose de chaux introduite quelle que soit la teneur initiale en cadmium. Pour des doses de chaux variant de 10 à 200 mg/l, l'abattement du cadmium semble brusque. Au-delà de 200 mg/l de chaux, la diminution devient moins prononcée. La meilleure élimination du cadmium correspondante à la teneur limite recommandée par l'OMS (3 μg/l) n'est observée qu'aux doses de chaux dépassant 200 mg/l.

Les rendements d'élimination du cadmium (R %) semblent importants pour les différentes teneurs en cadmium même à des faibles doses de chaux.

Nous remarquons aussi que les doses de chaux expérimentales ne correspondent pas à une stoechiométrie stricte de la réaction d'élimination du cadmium. Pour les fortes doses de chaux l'efficacité du procédé devient quasiment constante quelque soit la teneur initiale du cadmium.

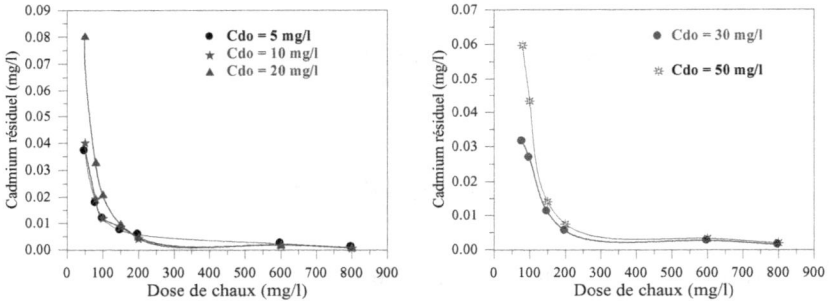

Figure 30: Variation du cadmium résiduel en fonction de la dose de chaux pour différentes concentrations initiales en cadmium en eau distillée

Rappelons que l'introduction de la chaux dans une eau distillée contenant seulement du cadmium sous forme de Cd^{2+} aboutit à la précipitation de l'hydroxyde du cadmium (Kemmer, 1984; Tchobanoglous et al., 2003) suivant la réaction:

$$CdCl_2 + Ca(OH)_2 \rightleftharpoons Cd(OH)_2 + CaCl_2$$

Selon plusieurs études (USEPA, 1977; Semerjian et al., 2002; Tchobanoglous et al., 2003), la formation de $Cd(OH)_2$ est conditionnée par l'augmentation du pH assurée durant ces essais par l'ajout de doses croissantes de chaux. Pour chaque solution de cadmium traitée, les pH augmentent avec l'accroissement de la dose de chaux et cette augmentation est accompagnée par une amélioration du rendement d'élimination du cadmium. Les valeurs optimales de cette précipitation sont obtenues dans une gamme de pH variant entre 11 et 12.

La concentration initiale en cadmium semble néanmoins avoir une influence sur le traitement car l'augmentation de celle-ci exige une dose de chaux plus élevée afin d'atteindre le pH optimal de formation de l'hydroxyde de cadmium.

En plus de la précipitation de l'hydroxyde du cadmium, les rendements d'élimination du cadmium obtenus pourraient s'expliquer par l'intervention d'autres phénomènes tels que la co-précipitation du cadmium avec les carbonates de calcium précipités suivant la réaction (Semerjian et al., 2002):

$$Ca(OH)_2 \;+\; CO_2 \quad \rightleftharpoons \quad CaCO_3 \;+\; H_2O$$

Le carbonate de calcium formé peut également faire augmenter la masse des flocs afin de faciliter leur décantation.

II-3-1-2 Coagulation floculation au sulfate d'aluminium

Comme dans le cas de la précipitation chimique à la chaux, nous avons appliqué ce traitement sur des solutions synthétiques d'eau distillée enrichie par le cadmium. Pour des teneurs en cadmium variant de 5 à 50 mg/l, nous avons introduit des doses croissantes du coagulant allant de 10 à 100 mg/l. Nous avons ensuite suivi la variation du cadmium résiduel et le pH final pour tous les échantillons traités.

Sur la figure 31, nous représentons l'évolution du cadmium résiduel en fonction de la dose de sulfate d'aluminium pour différentes teneurs initiales en cadmium

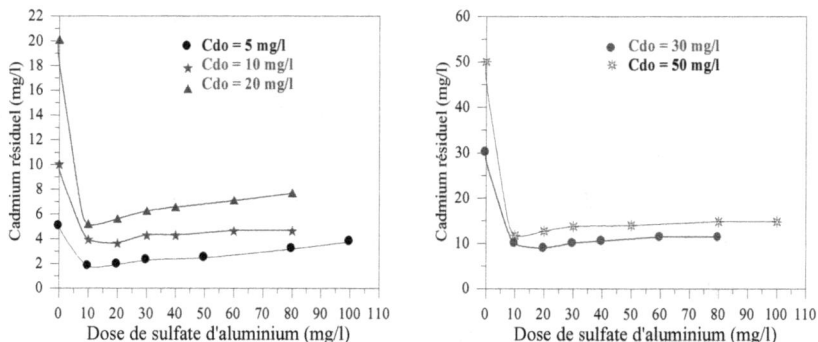

Figure 31: Variation du cadmium résiduel en fonction de la dose de sulfate d'aluminium pour différentes concentrations en cadmium en eau distillée

Ces résultats nous permettent d'apporter les remarques suivantes :

- Quelle que soit la teneur initiale en cadmium, le cadmium résiduel diminue d'une façon brusque jusqu'à la teneur optimale puis augmente d'une façon moins marquée.

- Quelle que soit la teneur initiale en cadmium testée, la valeur limite admissible de cadmium n'est jamais atteinte pour les meilleurs rendements obtenus.

- La teneur initiale en cadmium n'a pas une influence sur le déroulement de traitement, ce qui explique la quasi- constance de la dose optimale de sulfate d'aluminium (10 à 20 mg/l) pour les différentes concentrations initiales en cadmium (5 à 50 mg/l).

- Pour une même concentration en cadmium, l'ajout progressif des doses du coagulant conduit à l'abaissement du pH (Tableau 46).

Tableau 46 : Résultats d'élimination du cadmium par coagulation floculation au sulfate d'aluminium en solutions synthétiques d'eau distillée

			Teneur initiale en cadmium (mg/l)				
			5	**10**	**20**	**30**	**50**
Dose de sulfate d'aluminium (mg/l)	**10**	pH	6,19	5,81	6,78	6,1	6,14
	20	pH	5,3	5,61	6,21	5,73	5,75
	30	pH	5,24	5,48	5,85	4,58	5,52
	80	pH	4,07	5,18	5,16	4,34	4,26

La baisse du pH après ajout de doses croissantes de sulfate d'aluminium peut s'expliquer par la libération d'ions H^+ lors de l'hydrolyse de ce sel. Avant d'atteindre l'optimum d'élimination du cadmium, le pH des solutions traitées se trouve dans la gamme 5,81 et 6,78, ainsi l'hydroxyde d'aluminium peu soluble ($Al(OH)_3$) se trouve à des concentrations importantes dans la solution. Ce qui explique l'amélioration du rendement.

II-3-2 Elimination du cadmium en solutions synthétiques d'eaux minéralisées

Dans le but de faire apparaître l'impact de la composante minérale sur l'élimination du cadmium par précipitation chimique à la chaux ou au sulfate d'aluminium, nos essais ont concerné différentes eaux minéralisées de la région de Biskra, enrichies par du cadmium à teneur fixe (20 mg/l). Ces eaux regroupent des eaux souterraines destinées à l'alimentation en eau potable. Les caractéristiques physico-chimiques de l'ensemble de ces eaux, qui sont regroupées dans le tableau 53, montrent que leurs conductivités sont élevées. Les fortes teneurs en calcium et magnésium reflètent une dureté importante supérieure à 50 °F.

Le traitement de chacune de ces eaux a été effectué en ajoutant des doses croissantes de chaux (entre 10 et 800 mg/l) ou de sulfate d'aluminium (entre 5 et 100 mg/l). Pour évaluer l'efficacité des deux procédés, nous avons suivi l'évolution du cadmium résiduel ainsi que le pH des eaux traitées.

II-3-2-1 Précipitation chimique à la chaux

Le suivi du cadmium résiduel en fonction de la dose de chaux a abouti aux résultats présentés sur la figure 32. Au vu de ces résultats, il apparaît que la précipitation chimique à la chaux semble très efficace pour l'élimination du cadmium de ces eaux en atteignant des teneurs résiduelles en cadmium inférieures aux normes.

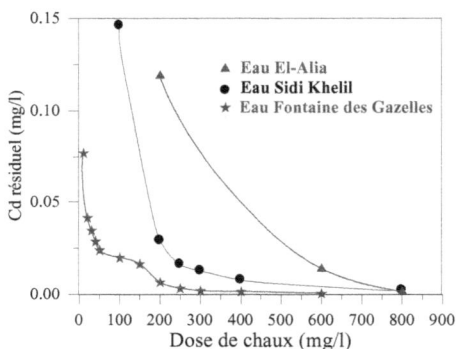

Figure 32: Effet de la dose de chaux sur l'évolution du cadmium résiduel des différentes eaux

Dans le cas des eaux souterraines, les meilleurs rendements d'élimination du cadmium sont obtenus pour des doses de chaux variants de 250 à 800 mg/l, augmentant dans le même sens que la minéralisation totale des eaux considérées. Dans les eaux de surface, une teneur en cadmium conforme aux normes de potabilité peut être obtenue pour des doses plus faibles en chaux. Le pH de toutes les eaux traitées augmente évidemment avec l'accroissement des doses de chaux introduites et se situe entre 10,17 et 11,7. Le tableau 47 récapitule les résultats obtenus sur solutions synthétiques d'eaux minéralisées et d'eau distillée.

Tableau 47 : Résultats des essais d'élimination du cadmium des solutions synthétiques d'eaux minéralisées et d'eau distillée par précipitation chimique à la chaux (Cdo = 20 mg/l)

		Avant traitement		Après traitement			
		Conductivité (µS/cm)	pH	Dose optimale de chaux (mg/l)	Cadmium résiduel (µg/l)	Rendement (%)	pH
Eaux souterraines	Fontaine des gazelles	725	7,7	250	3,21	99,99	10,17
	Sidi Khelil	1330	7,67	600	2,36	99,99	11,7
	El-Alia	4910	7,3	800	1,37	99,99	10,96
Eau distillée		3,5	6,4	600	1,55	99,99	12,03

L'accroissement des doses optimales de chaux en fonction de la minéralisation totale des eaux souterraines peut s'expliquer par la présence de plusieurs phénomènes qui entrent en compétition avec l'élimination du cadmium tels que la précipitation de calcium sous forme de carbonate ou de sulfate, la précipitation de l'hydroxyde de magnésium ou encore la précipitation de l'hydroxyde de fer si les ions de fer existent dans les eaux à traiter. Cependant, les précipités formés peuvent contribuer à la diminution du cadmium par co-précipitation.

II-3-2-2 Coagulation floculation au sulfate d'aluminium

Les résultats obtenus en fin de traitement sont présentés sur la figure 33. D'après ces résultats, nous constatons que les faibles teneurs résiduelles en cadmium sont obtenus pour des doses de sulfate d'aluminium variant de 5 à 10 mg/l et la coagulation-floculation au sulfate d'aluminium demeure un procédé assez peu efficace vis-à-vis l'abattement du cadmium du fait que la teneur admissible n'est jamais atteinte. Cependant, en comparant ces résultats à ceux obtenus en solutions synthétiques d'eau distillée (Tableau 48), il apparaît que la minéralisation totale contribue plus ou moins dans la réduction des teneurs en cadmium car les rendements d'élimination semblent assez importants et dépassent pour toutes les eaux traitées 72 %. Nous remarquons également que les rendements d'élimination s'améliorent avec l'augmentation de la minéralisation totale.

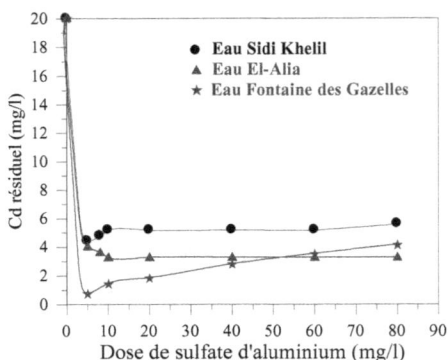

Figure 33 : Effet de la dose de sulfate d'aluminium sur l'évolution du cadmium résiduel des différentes eaux

Tableau 48: Résultats des essais d'élimination du cadmium des solutions synthétiques d'eaux minéralisées et d'eau distillée par coagulation floculation au sulfate d'aluminium
(Cdo = 20 mg/l, dose de sulfate d'aluminium = 80 mg/l)

		Avant traitement		Après traitement		
		Conductivité (µS/cm)	pH	Cadmium résiduel (mg/l)	Rendement (%)	pH
Eaux souterraines	Fontaine des gazelles	725	7,7	4,123	79,38	7,27
	Sidi Khelil	1330	7,67	5,599	72,01	7,47
	El-Alia	4910	7,3	3,242	83,79	7,03
	Eau distillée	3,5	6,9	7,602	61,99	5,16

L'élimination du cadmium par coagulation-floculation en eaux naturelles minéralisées donne des teneurs résiduelles en cadmium inférieures à celles obtenus en solutions synthétiques d'eau distillée. Cela peut s'expliquer par la stabilité du pH entre 6,5 et 7,5 du fait que ces eaux constituent des milieux tamponnés. Dans cet intervalle de pH, suite à la réaction d'hydrolyse de sulfate d'aluminium, la forme prédominante est l'hydroxyde d'aluminium qui peut adsorber le cadmium. Pour les eaux souterraines, l'accroissement du rendement d'élimination en fonction de la minéralisation totale peut s'expliquer par la précipitation de certains composés qui contribuent à la rétention du cadmium ou l'aident à précipiter (phénomènes de co-précipitation) (Ouanoughi et al., 2004).

II-4 Résultats des essais d'élimination des phosphates

II-4-1 Elimination des phosphates par précipitation chimique à la chaux

Afin d'observer l'effet de la dose de chaux sur l'abattement des phosphates par précipitation chimique à la chaux, nous avons introduit des doses croissantes de chaux variant de 20 à 700 mg/l pour une teneur fixe en phosphates égale à 5 mg/l. A partir des résultats obtenus (figure 34), nous pouvons constater que le rendement d'élimination des phosphates augmente avec l'accroissement de la dose de chaux et atteint 99,2 % pour une dose de chaux égale à 700 mg/l. Le pH final des échantillons traités varie avec l'accroissement de la dose de chaux (Tableau 49).

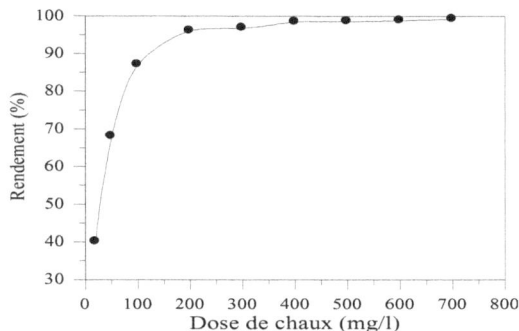

Figure 34: Effet de la dose de chaux sur l'évolution du rendement d'élimination des phosphates (5 mg/l) en eau distillée

158

Tableau 49 : Résultats d'élimination des phosphates par précipitation chimique à la chaux en eau distillée

Dose de chaux (mg/l)	0	20	50	100	200	300	400	500	600	700
pH	6,2	10,07	10,4	10,78	10,95	11,21	11,39	11,81	11,85	11,93

L'ajout de la chaux dans la solution à traiter aboutit à la précipitation du dihydrogéno-phosphate de calcium à un pH optimal de 6 à7 selon la réaction suivante (Degrémont, 1989) :

$$2\ H_3PO_4\ +\ Ca(OH)_2\ \rightleftharpoons\ Ca(PO_4H)_2\ +\ 2\ H_2O$$

Ce composé décante assez rapidement mais présente une solubilité résiduelle élevée (130 à 300 mg/l P_2O_5 selon la température). Un excès de chaux jusqu'à obtention d'un pH de 9 à 12 aboutit à la précipitation du phosphate tricalcique, comme le montre la réaction chimique suivante (Degrémont, 1989):

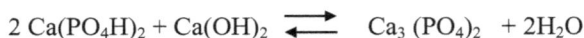

$$2\ Ca(PO_4H)_2 + Ca(OH)_2 \rightleftharpoons\ Ca_3\ (PO_4)_2\ + 2H_2O$$

Le phosphate tricalcique présente une solubilité résiduelle de quelques mg/l en P_2O_5 mais sous forme colloïdale. Il précipite lentement sans l'addition d'un floculant (Degrémont, 1989).

Ainsi, dans le cas de notre essai, l'amélioration du rendement d'élimination des phosphates peut s'expliquer par la précipitation du $Ca_3\ (PO_4)_2$. Car le pH final obtenu après traitement par les doses de chaux testées dépasse dans tous les cas 10 et est en augmentation progressive. En parallèle à la formation de ce précipité, il se forme l'hydroxyapatite $Ca_{10}(PO_4)_6(OH)_2$ peu soluble dont la réaction se déclenche à partir d'un pH de 10 comme suit (Tchobanoglous et al., 2003):

$$10\ Ca^{2+}\ +\ 6\ PO_4^{3-}\ +\ 2\ OH^-\ \rightleftharpoons\ Ca_{10}(PO_4)_6(OH)_2$$

II-4-2 Elimination des phosphates par coagulation floculation au sulfate d'aluminium

Des essais ont été réalisés à différentes valeurs du pH (4, 6 et 9) sur des solutions synthétiques d'eau distillée contenant initialement 5 mg/l de phosphates. Pour chaque cas, la dose de sulfate d'aluminium a été variée de 50 à 800 mg/l. La figure 35 montre que quel que soit le pH de traitement, chaque courbe d'efficacité passe par un maximum correspondant à une valeur optimale de sulfate d'aluminium de 300 à 400 mg/l selon le pH. Les rendements optima au pH testé (4, 6 et 9) atteignent respectivement 59,2 %, 95,2 % et 88,8 %. Ainsi, les rendements d'élimination des phosphates suivent l'ordre:

$$R \ (\%) \ pH \ 6 > R \ (\%) \ pH \ 9 \ > \ R \ (\%) \ pH \ 4 \ .$$

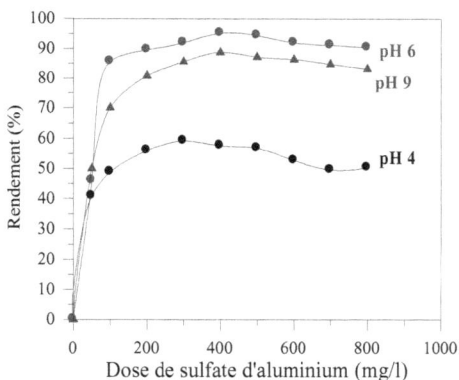

Figure 35 : Evolution du rendement de l'élimination des phosphates (5 mg/l) en fonction de la dose de sulfate d'aluminium à différents pH et en eau distillée

Le pH est un paramètre fondamental car il influe sur les réactions d'hydrolyse du sel d'aluminium. A pH entre 4 et 6, l'hydrolyse du sulfate d'aluminium aboutit à la formation de plusieurs composés cationiques $Al(OH)^{2+}$, $Al(OH)_2^{+}$ et du précipité $Al(OH)_3$ à des concentrations différentes. Cependant, à pH entre 6 et 8, lors de l'hydrolyse du sulfate d'aluminium, il se produit un précipité de l'hydroxyde d'aluminium ($Al(OH)_3$) à des concentration importantes. Cet hydroxyde possède une solubilité minimale dans l'intervalle de pH 5,5 – 7, il se forme par la réaction de Al^{3+} avec 3 OH^- provenant de l'eau elle-même (Cousin , 1980):

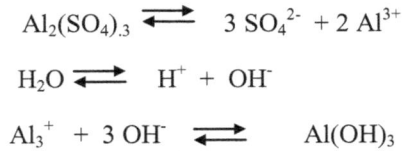

$$Al_2(SO_4)_3 \rightleftharpoons 3\ SO_4^{2-} + 2\ Al^{3+}$$

$$H_2O \rightleftharpoons H^+ + OH^-$$

$$Al_3^+ + 3\ OH^- \rightleftharpoons Al(OH)_3$$

Aux pH plus élevés que 7, le radical aluminate soluble $Al(OH)_4^-$ prédomine dans l'intervalle de pH 8 à 10 et aux pH supérieurs, il se transforme en $Al(OH)_5^{2-}$ (Beaudry, 1984).

Ainsi, on peut admettre d'une part que lors du traitement des phosphates par coagulation floculation au sulfate d'aluminium à pH 4 ou 9, il se produit une formation de complexes d'aluminium-hydroxo-phosphates avec les formes cationiques ou anioniques d'aluminium. D'autre part, à pH 6 la réaction prédominante de l'élimination des phosphates serait la précipitation des phosphates sous forme de $AlPO_4$ peu soluble selon la réaction (Tchobanoglous et al., 2003):

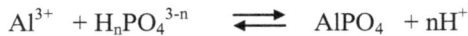

$$Al^{3+} + H_nPO_4^{3-n} \rightleftharpoons AlPO_4 + nH^+$$

Ce précipité est éliminé par adsorption sur l'hydroxyde d'aluminium formé (Degrémont, 1989; Roques, 1990).

II-5 Conclusion

Au vu des résultats obtenus au cours de ce chapitre, il nous a été possible de faire quelques remarques concernant l'efficacité de la précipitation chimique à la chaux ou de la coagulation floculation au sulfate d'aluminium vis-à-vis de l'élimination du Cd et des phosphates.

Concernant les essais de précipitation du cadmium sur solutions synthétiques d'eau distillée, il s'est avéré que l'abattement du cadmium par précipitation chimique à la chaux semble très efficace et aboutit à des teneurs résiduelles en cadmium conformes aux normes. La teneur initiale en cadmium influe sur le procédé et augmente la dose optimale de chaux. Le phénomène prédominant lors de l'élimination du cadmium par ce traitement est la précipitation du $Cd(OH)_2$ sous l'effet de l'élévation du pH par ajout de la chaux ($Ca(OH)_2$).

Contrairement à la précipitation chimique à la chaux, la coagulation floculation au sulfate d'aluminium présente des rendements d'élimination peu importants et sont étroitement liés au pH. Afin d'aboutir à des rendements satisfaisants, le procédé nécessite un pH élevé. L'ajout de chaux comme adjuvant pendant l'étape d'agitation rapide avant introduction du coagulant peut être envisageable. L'élimination du cadmium en présence du sulfate d'aluminium peut être attribuée à l'adsorption de cet élément sur les hydroxydes d'aluminium formés, surtout sur le précipité peu soluble $Al(OH)_3$.

La matrice minérale semble avoir une influence sur l'élimination du cadmium par les deux procédés et les doses des réactifs (chaux ou sulfate d'aluminium) sont étroitement liées à la minéralisation des eaux à traiter. La présence de matières organiques contribue à l'augmentation du rendement d'élimination du cadmium, ceci est du à la contribution du phénomène de complexation du cadmium avec les matières organiques en particulier les substances humiques quel que soit le procédé de précipitation que nous avons testé.

Concernant les phosphates, leur élimination par le biais de la précipitation chimique à la chaux en solutions synthétiques d'eau distillée semble important et s'accroît en fonction de la dose de chaux jusqu'à obtention complète d'un précipité peu soluble qui est l'hydroxyapatite, à un pH supérieur à 10.

L'élimination des phosphates par coagulation floculation est fortement liée au pH de traitement. Ce procédé présente un intérêt pratique si le pH de traitement est aux alentours de 6 afin d'assurer la formation de l'hydroxyde d'aluminium qui participe à l'adsorption de $AlPO_4$ formé à ce pH.

Chapitre III : Élimination du cadmium et des phosphates par adsorption sur bentonite

III-1 Introduction

Divers chercheurs ont montré qu'une variété de matériaux d'origine naturelle avaient l'aptitude de fixer des quantités importantes de métaux lourds à partir de solutions aqueuses (Cousin, 1980; Abdelouhab et al., 1987; Ulmanu et al., 2001; Abollino et al., 2003). Il en est de même pour l'élimination des phosphates (Ioannou et al., 1994; Boulmoukh et al., 2003; Benzizoune et al., 2004).

Dans ce chapitre, nous allons examiner les pouvoirs de rétention des deux bentonites de Maghnia et de Mostaghanem, déjà testées vis-à-vis de fluor, vis-à-vis du cadmium et des phosphates en vue de leur élimination.

Après une description de la procédure expérimentale suivie, la première étape a consisté à tester les bentonites de Maghnia et de Mostaghanem en vue de la rétention de solutions de cadmium en eau distillée. Différents paramètres réactionnels ont été considérés et variés. Ainsi, l'influence du temps de contact entre l'argile et le cadmium, des masses de bentonite introduites, des teneurs initiales en cadmium et du pH ont été observés sur les rendements d'élimination du cadmium.

La seconde étape des essais d'élimination du cadmium a été consacrée à l'incidence d'un paramètre particulier aux eaux algériennes et notamment celles du sud algérien. Il s'agit de l'impact de la minéralisation des eaux sur l'efficacité du procédé d'adsorption du cadmium sur la bentonite. Pour cela, les essais ont été conduits sur des solutions de cadmium dissous dans les eaux souterraines de minéralisation variable.

Les essais préliminaires d'élimination des phosphates ont été limités à l'étude de la cinétique d'élimination des phosphates (5 mg/l) sur solutions synthétiques d'eau distillée. Ceci en utilisant les deux bentonites à l'état brut et activées chimiquement.

III-2 Procédure expérimentale

III-2-1 Solutions mères de chlorure de cadmium

La solution mère de cadmium est préparée à raison de 1 g/l de cadmium par utilisation du sel $CdCl_2$ (Cf. Chapitre I; partie II).

III-2-2 Solutions mères de phosphates

En utilisant le sel Na_2HPO_4 de poids moléculaire 141,96 g/mole, nous avons préparé une solution mère de 1000 mg PO_4^{3-}/ 1 d'eau distillée. Cette solution a été utilisée pour la préparation des solutions synthétiques plus diluées en eau distillée.

III-2-3 Description des milieux de dilution du cadmium

Les caractéristiques de l'eau distillée que nous avons utilisée au cours de nos essais sont déjà décrites dans les chapitres précédents. Par contre, les eaux minéralisées sont représentées par l'eau d'Ifri, eau de source commercialisée et par deux eaux de forage destinées à l'alimentation en eau potable et provenant de la région de Biskra (Sidi Khelil et Bir Naâm). Le tableau 50 présente les principales caractéristiques physico-chimiques de ces eaux.

Tableau 50: Caractéristiques physico-chimiques des eaux de dilution du cadmium

Eaux	pH	Conductivité (μS/cm)	TAC (°F)	TH (°F)	Ca^{2+} (mg/l)	Mg^{2+} (mg/l)	Cl^- (mg/l)	SO_4^{2-} (mg/l)	PO_4^{3-} (mg/l)	Cd^{2+} (μg/l)
Ifri	7,87	550	21	48	144	29	68	42	0,64	nd
Sidi Khelil	7,65	1330	18	86	218	76	135	580	0,58	nd
Bir Naâm	7,71	1470	17	96	208	106	205	330	0,78	nd

nd : non détecté

III-2-4 Bentonites testées

Les argiles que nous avons utilisées sont les bentonites de Maghnia et de Mostaghanem. Les caractéristiques de ces deux matériaux à l'état brut (Tableaux 27 et 28) ainsi que la méthode d'activation chimique de la bentonite ont été déjà décrites dans le chapitre III de la partie I.

III-2-5 Méthodes de dosages

Comme indiqué dans le chapitre précédent, le cadmium en solution a été dosé en utilisant une méthode potentiométrique grâce à une électrode spécifique.

Pour les phosphates nous avons opté pour la méthode colorimétrique en utilisant un photomètre PALINTEST dont la gamme de détection des phosphates est entre 0 et 4 mg/l.

Les paramètres physico-chimiques des solutions aqueuses (pH, conductivité, TH, TAC, Ca^{2+}, Mg^{2+}, Cl^-, SO_4^{2-}) sont déterminés par les méthodes standard d'analyse (Tardat-Henry, 1984; Rodier, 1996).

III-2-6 Description des essais d'adsorption

III-2-6-1 Cadmium

Les essais sont réalisés en réacteur statique par mise en contact de 500 ml de solutions de cadmium avec des doses croissantes (0,1 à 10 g/l) de chacune des bentonites brutes, non traitées (Maghnia et Mostaghanem). Les solutions sont agitées durant 06 heures en solutions synthétiques d'eau distillée et pendant 27 heures en solutions synthétiques d'eaux minéralisées. Les prélèvements au cours du temps ainsi que le dosage du cadmium résiduel permettent de suivre les cinétiques d'adsorption du cadmium sur la bentonite. Le temps d'équilibre est déterminé à partir du moment où la concentration de cadmium en solution reste constante et au-delà duquel l'on peut observer une désorption de l'élément.

Les échantillons de solutions prélevés sont filtrés sous vide à l'aide d'une membrane à 0,45 µm de porosité. On effectue ensuite la mesure du potentiel correspondant à la teneur de cadmium résiduel.

Au cours de nos essais, différents paramètres réactionnels ont été variés. L'influence de la dose de bentonite (0,1 à 10 g/l), du temps d'agitation (2 minutes à 6 heures) ainsi que la teneur initiale en cadmium (0,5 à 50 mg/l) a été observée sur

166

l'efficacité du procédé d'adsorption du cadmium en eau distillée. L'effet du pH a été aussi considéré en ajustant le pH initial des solutions de cadmium et en le maintenant constant tout au long de l'essai (pH égal 4 à 10).

Les essais ont été ensuite poursuivis par l'étude de l'influence de la minéralisation totale en préparant et en testant des solutions de cadmium (20 mg/l) en eaux minéralisées dont les caractéristiques ont été précédemment décrites (Ifri, Sidi Khelil, Bir Naâm). L'influence de la dose de bentonite (0,1 à 10 g/l) ainsi que de la cinétique d'adsorption a été observé.

III-2-6-2 Phosphates

Les essais sont réalisés en réacteur statique par mise en contact de 1000 ml de solution de phosphates (5 mg/l) avec une masse constante de bentonite (2 g/l). Les solutions synthétiques de phosphates sont agitées durant 27 heures. Les prélèvements au cours du temps ainsi que le dosage des ions PO_4^{3-} résiduelles permettent de suivre les cinétiques d'adsorption des phosphates sur la bentonite. Les échantillons des solutions prélevés sont filtrés sous vide à l'aide d'une membrane à 0,45 µm de porosité. On effectue ensuite la mesure du pH et la teneur résiduelle de l'élément.

Dans ce cas de traitement, nous avons limité nos essais seulement au suivi de la cinétique d'adsorption des PO_4^{3-} sur les deux bentonites de Maghnia et Mostaghanem (à l'état brut et activées chimiquement pendant 1 heure à des rapports acide / bentonite égaux à 0,2 puis 0,6).

III-3 Résultats des essais d'élimination du cadmium

III-3-1 Effet de la dose de bentonite sur l'évolution des cinétiques d'adsorption

Les cinétiques des réactions sont suivies pour une teneur initiale constante en cadmium (20 mg/l) et pour des doses variables de chaque bentonite (0,1 à 10 g/l).

L'efficacité du procédé est déterminée par l'évolution de la teneur résiduelle de cadmium (Cdr en mg/l) et par le calcul du rendement d'élimination de cet élément. Nous représentons sur la figure 36 l'évolution du rendement à la fois en fonction du temps d'agitation (2 minutes à 6 heures) et en fonction de la dose de bentonite.

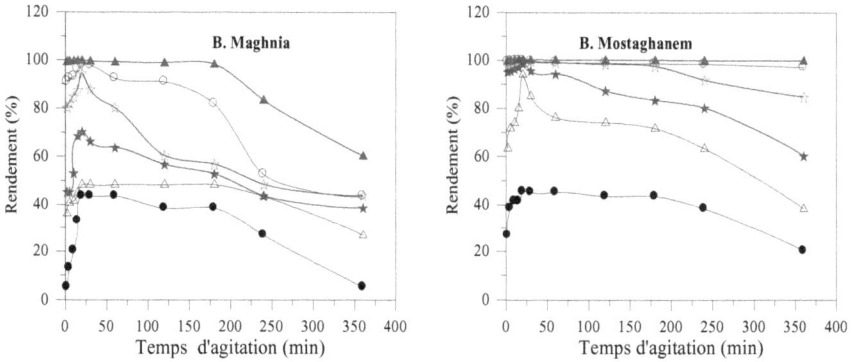

Figure 36 : Cinétiques d'élimination du cadmium en eau distillée pour des doses variables en bentonite. (●) 0,1 g/l ; (Δ) 1 g/l ; (★) 2 g/l ; (☆) 4 g/l; (○) 6 g/l; (▲) 10 g/l

L'examen des résultats obtenus permet de déduire que la cinétique de fixation du cadmium sur les bentonites est très rapide en eau distillée. Le temps d'équilibre peut être estimé à 20 minutes d'agitation quelque soit le type de bentonite (Maghnia ou Mostaghanem) et pour toutes les doses d'adsorbant testées. Ce temps correspond au maximum d'efficacité de l'adsorption du cadmium et donc au minimum des teneurs en cadmium résiduel. Au-delà de ce laps de temps, nous pouvons néanmoins observer une remontée des teneurs du cadmium en solution, caractéristique d'une désorption du polluant par les bentonites.

L'évolution des cinétiques de fixation du cadmium sur les argiles démontre avant tout la réversibilité des échanges mis en jeu et la nature physique des interactions bentonite-cadmium. Diverses études réalisées sur des métaux tels que le cuivre, le zinc ou le mercure confirment la rapidité des réactions de rétention de ces éléments sur les argiles (Steger, 1973; Bendjama, 1982).

Sur des sédiments, la fixation de métaux tels que le cadmium, le zinc et le cuivre est également relativement rapide et la fixation se déroule en quelques heures. Toutefois, cette réaction aboutit à un état de pseudo-équilibre. Cette perturbation de l'équilibre par des phases d'adsorption et de désorption successives pourrait être attribuée aux différences d'énergie de liaison site sédimentaire/métal, résultat de la variation en sédiment (Serpaud et al., 1994).

Au cours de nos essais, nous avons pu observer un phénomène similaire. Pour une dose constante de bentonite, le relargage du cadmium fixé est observé lorsque l'agitation est prolongée au-delà de 20 minutes. Ce phénomène est d'autant plus important que la dose d'adsorbant est faible. Cet aspect peut s'expliquer par le fait que les argiles sont capables d'adsorber certains cations et de les fixer sous forme échangeable ultérieurement (Alloway, 1995; Gadras, 2000; Achour et Youcef, 2004). Le relargage des ions adsorbés peut ensuite se produire s'il y'a un déplacement des équilibres entre les différentes formes ioniques de l'élément dans l'eau. Le pH pourrait jouer un rôle important dans le déplacement de l'équilibre.

En effet, nous avons pu observer, tout au long de l'agitation, et pour tous les essais, une diminution du pH entre 2 minutes et 6 heures (Tableau 51).

Tableau 51: Evolution du pH en fonction du temps d'agitation
(dose de bentonite égale à 2 g/l)

Temps d'agitation (min)		2	10	20	60	120	240	360
pH	Maghnia	9,41	9,04	8,79	8,59	7,85	7,65	7,46
	Mostaghanem	9,63	9,08	8,97	8,84	8,26	8,06	7,82

Cette diminution du pH des suspensions argileuses pourrait s'expliquer par une migration d'ions H^+ de la phase solide argileuse vers la solution. De même, le passage d'ions Al^{3+} en solution peut expliquer également la baisse du pH engendrée par la réaction d'hydrolyse :

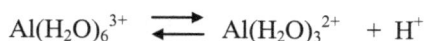

$$Al(H_2O)_6^{3+} \rightleftharpoons Al(H_2O)_3^{2+} + H^+$$

Le tableau 52 illustre cet aspect et montre une augmentation de l'aluminium résiduel en solution d'une part en relation avec la dose de bentonite utilisée et la composition chimique de l'argile d'autre part.

Tableau 52 : Effet de l'agitation sur la dissolution d'aluminium et de silice

	Bentonite de Maghnia			Bentonite de Mostaghanem		
Dose de bentonite (g/l)	0,1	2	6	0,1	2	6
SiO$_2$ (mg/l)	1,84	2,7	4	2,24	5,16	8
Al^{3+} (mg/l)	0	0,49	0,56	0	0,02	0,14

Le pH pourrait donc notablement influencer la fixation du cadmium sur la bentonite comme il est signalé pour d'autres métaux tels que le zinc (Cousin, 1980) ou le cuivre (Steger, 1973). L'augmentation du pH pourrait améliorer l'adsorption de certains cations métalliques (Abdelouahab et al., 1987; Serpaud et al., 1994; Abollino et al., 2003)

Le tableau 53 montre que le pH à l'équilibre accuse des valeurs croissantes au fur et à mesure de l'augmentation de la dose de chacune de bentonite.

Tableau 53: Evolution du pH en fonction de la dose de bentonite (t = 20 min)

Dose de bentonite (g/l)		0,1	1	2	4	6	8	10
pH	Maghnia	6,25	7,78	8,79	9,60	9,83	9,99	10,41
	Mostaghanem	7,80	8,11	8,97	10,17	10,39	10,66	10,71

En parallèle, nous observons une nette amélioration des rendements d'élimination du cadmium, qui peut être liée à la formation supplémentaire des formes hydratées du cadmium telles que Cd(OH)$^+$ ou Cd(H$_2$O)$_2$$^{2+}$ qui s'adsorberaient plus facilement que Cd^{2+} sur les sites négatifs de la bentonite.

La présence de charges à la surface du solide (la bentonite dans notre cas) provient soit du substitutions isomorphiques dans le réseau cristallin (remplacement d'un ion trivalent par un ion divalent), soit de réactions chimiques de surface telles que (Gadras, 2000):

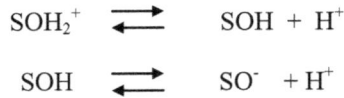

$$SOH_2^+ \rightleftharpoons SOH + H^+$$

$$SOH \rightleftharpoons SO^- + H^+$$

S: Fe, Mn, Al, Si

Selon Gadras (2000), l'étude de l'adsorption de métaux lourds sur des sols montre que l'association formée entre l'ion adsorbé et l'argile est faible. En raison de cette faible association, les ions adsorbés, sont facilement échangés avec d'autres cations en solution. C'est ce qu'on appelle une adsorption non spécifique. Ces mêmes ions adsorbés peuvent être mis en solution suite à un apport d'ions compétiteurs présentant de plus grandes affinités pour l'argile. L'augmentation de la force ionique favorise également l'échange ionique.

Les métaux particulièrement capables de former des hydroxy-complexes sont plus spécifiquement adsorbés sur les surfaces déprotonées chargées négativement d'oxydes ou d'hydroxydes de fer d'aluminium ou de manganèse (Alloway, 1995). En effet cette adsorption spécifique peut être décrite selon le processus suivant (Basta et Tabatabai, 1992; Gadras, 2000):

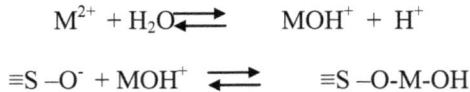

$$M^{2+} + H_2O \rightleftharpoons MOH^+ + H^+$$

$$\equiv S-O^- + MOH^+ \rightleftharpoons \equiv S-O-M-OH$$

M: métal

De plus, après avoir été adsorbés à la surface du minéral, les métaux lourds peuvent diffuser à l'intérieur de l'argile puis il se produit une adsorption interne (Alloway, 1995). Le pH est le principal paramètre pouvant influencer la stabilité de ces liaisons et par suite favoriser ou nuire à ce mécanisme de fixation.

Par ailleurs, il faut noter que l'utilisation de la bentonite calcique de Mostaghanem aboutit dans tous les cas à de meilleurs rendements d'élimination du cadmium que la bentonite sodique de Maghnia. Ceci est illustré par la figure 37 et les résultats du tableau 54 qui présentent les valeurs du pH obtenus à l'optimum du traitement, à 20 minutes d'agitation.

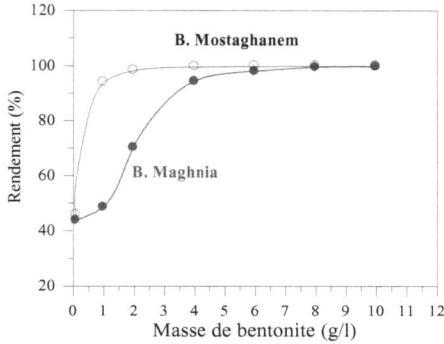

Figure 37 : Effet de la dose de bentonite sur les rendements d'élimination du cadmium en eau distillée (Cdo = 20 mg/l; t = 20 minutes)

Tableau 54 : pH mesuré au temps d'équilibre (20 minutes) lors de l'élimination du cadmium par adsorption sur des doses variables de bentonite.

Dose de bentonite (g/l)		0,1	1	2	4	6	8	10
Bentonite de **Maghnia**	pH	6,25	7,78	8,79	9,60	9,83	9,99	10,41
Bentonite de **Mostaghanem**	pH	7,80	8,11	8,97	10,17	10,39	10,66	10,71

Les différences observées entre les rendements d'élimination du cadmium par les deux bentonites résulteraient essentiellement de la teneur du cation majoritaire et de sa taille. Pour la bentonite de Mostaghanem, le cation prédominant est le calcium qui présente une capacité de s'entourer d'un plus grand nombre de molécules d'eau que le sodium (Grim, 1968). Cette meilleure solvatation permet un écartement plus grand des feuillets et peut conduire à une capacité d'échange de cations plus importante (Cousin, 1980).

De même, compte tenu des pH atteints (Tableau 67) pour des doses de bentonite élevées (supérieures à 2 g/l), un phénomène de précipitation du cadmium sous forme d'hydroxyde peut aussi se produire. Les mêmes hypothèses sont formulées lorsque l'adsorption du zinc ou du cuivre sur la bentonite est considérée (Cousin, 1980; Abdelouahab et al., 1987; Abollino et al., 2003).

D'après Sposito (1989), la précipitation et la co-précipitation font partie des principaux mécanismes de rétention des éléments traces métalliques dans les sols. Elles correspondent au passage d'une espèce de l'état dissous à l'état solide. Les phénomènes de précipitation peuvent avoir lieu sur la surface des phases solides du sol ou dans la phase aqueuse interstitielle du milieu. Sur les phases solides, elles se traduisent soit par un accroissement de la surface du solide, soit par la formation d'un nouveau solide à l'interface solide/liquide selon un arrangement tridimensionnel. A la surface des particules, des réactions de précipitation ont lieu quand le transfert de solutés de la phase aqueuse vers l'interface se traduit par l'accumulation d'une nouvelle substance sous forme d'une nouvelle phase solide soluble (Young et al., 1992).

La co-précipitation est définie comme la précipitation simultanée d'un agent chimique conjointement avec d'autres éléments (Alloway, 1995). Cela se produit quand par exemple les alumino-silicates précipitent et incorporent du cadmium dans leurs structures pour remplacer l'aluminium (Gadras, 2000).

La précipitation comme la co-précipitation sont des phénomènes réversibles, pouvant intervenir à la fois dans les procédés de rétention ou de désorption des éléments métalliques traces, car ils dépendent de paramètres pouvant être modifiés lors de changements des conditions physico-chimiques du milieu comme le pH et la concentration d'éléments en solution (Gadras, 2000)

III-3-2 Isothermes d'adsorption

En considérant les résultats d'élimination du cadmium en fonction de la masse de l'adsorbant, nous avons pu exploiter les résultats selon les lois de Freundlich et de Langmuir. Sur la figure 38 nous présentons les deux isothermes aussi bien en utilisant la bentonite de Mostaghanem que de Maghnia.

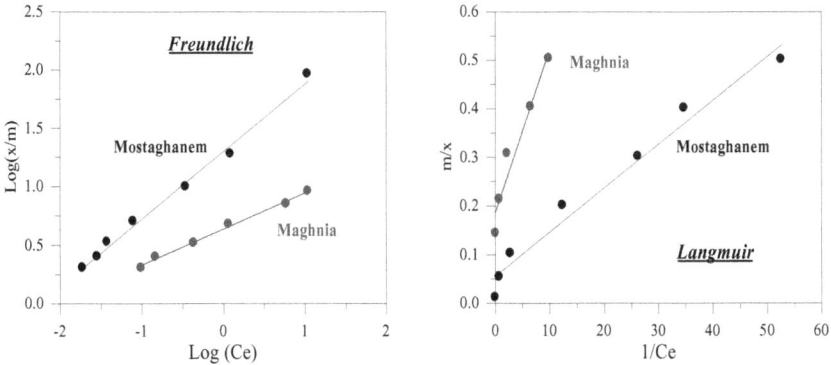

Figure 38 : Isothermes de Freundlich et de Langmuir en eau distillée

Les droites obtenues avec un bon coefficient de corrélation montrent que dans nos conditions expérimentales, l'adsorption du cadmium en eau distillée suit les deux lois précitées d'une façon satisfaisante pour les deux types de bentonite. Les différents paramètres relatifs à ces lois sont regroupés dans le tableau 55.

Tableau 55: Paramètres des isothermes de Freundlich et de Langmuir

Bentonite	Freundlich			Langmuir		
	n	k	Corrélation (%)	q_m (mg/g)	b (l/mg)	Corrélation (%)
Maghnia	3,26	4,25	99,40	5,54	5,41	96,53
Mostaghanem	1,73	19,93	99,29	17,82	6,21	97,31

On constate également une meilleure adsorbabilité dans le cas de la bentonite de Mostaghanem par rapport à celle de Maghnia. En particulier, les valeurs des capacités maximales q_m sont de 17,82 mg/g et 5,54 mg/g respectivement pour la bentonite de Mostaghanem et de Maghnia. Abdelouahab et al. (1987) et Ulmanu et al. (2003) confirment également que l'adsorption du cadmium sur la bentonite peut être décrite par les lois de Langmuir et de Freundlich. Quant à cousin (1980), elle signale que la loi de Freundlich est bien suivie lors des essais d'adsorption du cadmium sur différentes doses de bentonite.

III-3-3 Effet de la teneur initiale en cadmium

Nous avons réalisé cet essai pour des teneurs initiales en cadmium variant de 0,5 à 50 mg/l. La dose de bentonite introduite est de 2 g/l.

Selon les résultats représentés sur la figure 39, nous pouvons constater que les rendements s'améliorent progressivement jusqu'à une teneur initiale en cadmium de 10 mg/l pour les deux bentonites utilisée. Au-delà, il y'à une diminution du rendement qui peut être liée à la baisse du pH, comme le montrent les résultats regroupés dans le tableau 56.

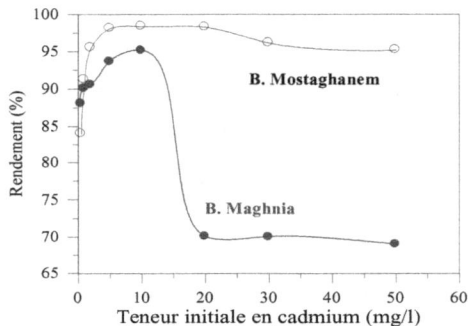

Figure 39 : Variation du rendement d'élimination du cadmium par adsorption sur bentonite en fonction de la teneur initiale en cadmium (bentonite = 2 g/l, temps d'agitation= 20min)

Tableau 56: valeurs du pH final au temps d'équilibre (20 minutes)

Teneur initiale en cadmium (mg/l)		0,5	1	2	5	10	20	30	50
Bentonite de **Maghnia** (2 g/l)	pH	9,12	9,00	9,01	9,04	8,97	8,79	8,70	8,45
Bentonite de **Mostaghanem** (2g/l)	pH	9,68	9,55	9,53	9,51	9,46	9,38	9,22	9,13

D'après les résultats obtenus par Ulmanu et al. (2003), pour des concentrations initiales en cadmium plus élevées (65 à 200 mg/l) que celle que nous avons testées (0,5 à 50 mg/l), il s'est avéré que les rendements d'élimination diminuent avec l'augmentation de la teneur initiale de l'élément. Ce traitement a été effectué en introduisant 20 g d'une bentonite calcique par litre de solution.

III-3-4 Effet du pH

Selon la bibliographie et les résultats obtenus précédemment, le pH représente un paramètre important lors de l'élimination du cadmium sur les argiles.

Pour étudier l'effet de ce paramètre sur le déroulement de la réaction de fixation du cadmium sur la bentonite, nous avons réalisé des essais d'adsorption du cadmium (20 mg/l) en présence de 2 g de bentonite par litre. Pendant 20 minutes d'agitation, le pH a été maintenu constant en ajoutant du NaOH (0,1 M) ou HCl (0,1 M). La gamme de pH a été variée de 4 à 10.

Sur la figure 40 nous présentons l'évolution des rendements d'élimination du cadmium à différents pH. Ces résultats mettent en évidence que l'adsorption est améliorée chaque fois que le pH croît. Les meilleurs rendements sont obtenus à partir d'un pH égal à 7, notamment pour la bentonite de Maghnia . Par ailleurs, ces résultats confirment que la bentonite calcique de Mostaghanem aboutit à une meilleure adsorption du cadmium que la bentonite sodique de Maghnia.

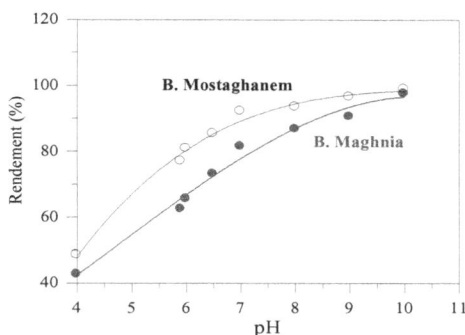

Figure 40: Effet du pH sur les rendements d'élimination du cadmium

L'effet du pH sur l'adsorption des métaux a été particulièrement étudié (Basta et Tabatabai, 1992; Serpaud et al, 1994; Altin et al., 1999; Abollino et al., 2003; Srivastava et al., 2004).

Une augmentation systématique du taux d'adsorption est notée dans le cas du cadmium (75/90%), du cuivre (70/90 %) pour des pH variant de 5 à 8.

Des expériences de référence réalisées en absence de sédiment ou d'adsorbant avec une solution de chaque métal révèle qu'une précipitation chimique partielle n'apparaît qu'à partir de pH égal à 9 (Serpaud et al., 1994). De ce fait, l'évolution du cadmium au cours de nos essais peut être interprétée ainsi:

- A faible pH (inférieur à 6) il y'a compétition entre les ions H^+ en solution et les ions Cd^{2+}. Ce sont les H^+ qui sont préférentiellement fixés. Il y'aurait également compétition entre les ions Al^{3+}, Mg^{2+}, Fe^{3+} relargués par les sites octaédriques de l'argile en solution acide (Cousin, 1980).

- A pH élevé (supérieur à 6), il y'aurait accroissement du nombre de sites tels que les hydroxydes des minéraux argileux (Serpaud et al., 1994). D'après Cousin (1980), les groupements hydroxyles de l'eau pourraient également s'attacher aux atomes de silicium des tétraèdres incomplets. Ces groupements pourront d'autant plus s'ioniser que le pH augmente.

$$SiOH + H_2O \rightleftharpoons SiO^- + H_3O^+$$

Ceci aura pour conséquence d'accroître le nombre de charges négatives.

Tessier et al.(1990) et Abollino et al.(2003) indiquent par contre que l'élévation du pH favorise la précipitation d'oxydes, d'hydroxydes ou d'hydroxycarbonates et par conséquent l'adsorption du métal sur ces phases en suspension.

III-3-5 Influence de la minéralisation du milieu de dilution

Les essais ont pour objectif de tester l'impact des sels minéraux présents dans les eaux de dilution du cadmium (Eaux d'Ifri, de Sidi Khelil et de Bir Naâm), ceci par rapport au pouvoir adsorbant de chacune des bentonites considérées précédemment. La teneur initiale du cadmium (Cdo) de chacune de ces eaux a été fixée à 20 mg/l.

Les solutions de cadmium sont soumises au contact avec de doses croissantes en bentonites (0,1 à 10 g/l), tout comme en eau distillée. Pour chaque dose de bentonite testée, la cinétique d'élimination du cadmium a été suivie pour des temps allant jusqu'à 27 heures.

Les figures 41 et 42 représentent l'évolution de la teneur du cadmium résiduel en fonction du temps d'agitation pour l'eau d'Ifri dans le cas du traitement par les deux bentonites à des doses variables (0,1; 2 et 6 g/l). La même évolution du cadmium résiduel a été observée en utilisant les eaux de Sidi Khelil et Bir Naâm.

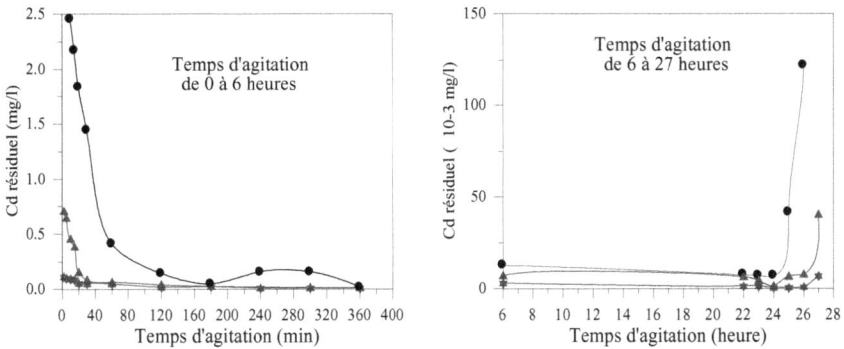

Figure 41: Cinétique d'élimination du cadmium en eau d'Ifri pour des doses variables de la bentonite de Maghnia. (●) 0,1 g/l ; (▲) 2 g/l ; (✶) 6 g/l

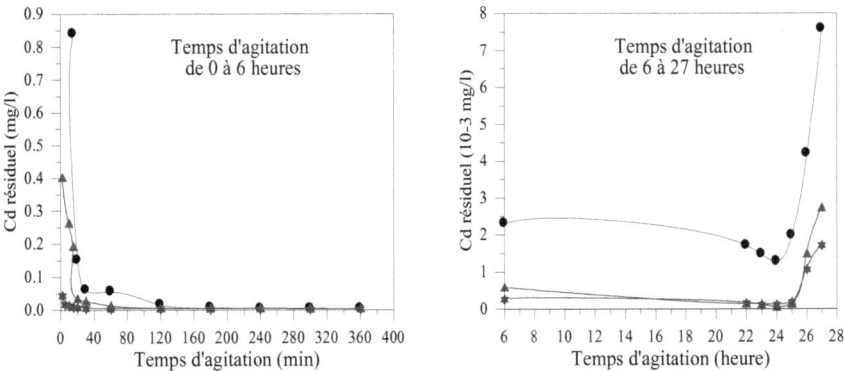

Figure 42: Cinétique d'élimination du cadmium en eau d'Ifri pour des doses variables de la bentonite de Mostaghanem. (●) 0,1 g/l ; (▲) 2 g/l ; (✶) 6 g/l

Contrairement au cas des solutions synthétiques de cadmium en eau distillée, le temps d'équilibre est devenu plus long et atteint 24 heures quelle que soit la dose et le type de bentonite. Au-delà de ce temps, nous constatons une réaugmentation de la teneur résiduelle du cadmium.

Ces résultats montrent que les rendements d'élimination s'améliorent lorsque la dose de bentonite augmente quelque soit l'eau de dilution utilisée. Cet aspect avait déjà été mis en évidence lors des essais en eau distillée.

Par ailleurs, il y'a lieu de signaler que la présence d'éléments minéraux semble notablement améliorer les rendements comparés à ceux obtenus en eau distillée. Le tableau 73 récapitule, à titre d'exemple, les résultats pour différents milieux de dilution du cadmium en présence de 2 g/l de chaque bentonite. Nous pouvons observer que la bentonite de Mostaghanem reste plus performante que celle de Maghnia quelque soit le milieu de dilution. Toutefois, des différences de comportement de ces bentonites sont apparues en fonction de la composition minérale des eaux utilisées.

Pour les deux types de bentonites et à partir de 6 heures d'agitation, l'élimination du cadmium est améliorée selon l'ordre suivant :

Eau Ifri > Eau Sidi Khelil > Eau Bir Naâm > Eau distillée

Il faut également signaler, qu'en milieu minéralisé, l'évolution du pH accuse de faibles variations même pour des doses importantes de bentonites, comme le montrent les résultats du tableau 57. Ceci revient au fait que les eaux minéralisées utilisées sont fortement tamponnées. Les pH finaux n'atteignent jamais la valeur de 9. Il est donc peu probable qu'un phénomène de précipitation ait pu contribuer à l'amélioration des rendements de fixation du cadmium, par

rapport à l'eau distillée. De ce fait, les résultats observés en eaux minéralisées peuvent être attribués à l'effet bénéfique des sels minéraux.

Tableau 57: Variation du pH final d'élimination du cadmium par adsorption sur bentonite en eaux minéralisées (dose de bentonite = 6 g/l)

Eaux de dilution	pH final					
	Bentonite de Maghnia			Bentonite de Mostaghanem		
	t = 20 min	t = 6 h	t = 24 h	t = 20 min	t = 6 h	t = 24 h
Eau Ifri; pHo = 7,87	7,89	8,11	8,12	8,04	8,16	8,19
Eau Sidi Khelil ; pHo = 7,65	8,06	8,25	8,38	8,20	8,25	8,36
Eau Bir Naâm; pHo = 7,71	7,97	8,20	8,24	8,02	8,23	8,25

Cependant, il y'a lieu d'être prudent et ne pas généraliser ce résultat. En effet, les résultats pourraient sensiblement varier en fonction de la présence d'une composante minérale très différente de celles que nous avons étudiées. Le comportement de l'argile peut également différer en fonction des éléments minéraux présents dans l'eau et en fonction de la structure propre de cette argile.

III-4 Résultats des essais d'élimination des phosphates

Au cours de cette étape de l'étude, nous nous intéressons à l'adsorption d'un autre polluant minéral, fréquemment rencontré aussi bien dans les eaux potables que dans les eaux résiduaires. Il s'agit des ions phosphates pour lesquels quelques essais sont présentés.

Nous avons suivi les cinétiques d'adsorption, de 2 min à 27 heures, pour une teneur initiale constante en phosphates (5mg/l) et pour une masse de 2 g/l de bentonite. Les bentonites testées sont celles de Mostaghanem et de Maghnia à l'état brut et activées chimiquement pendant 1 heure pour les rapports massiques H_2SO_4 / bentonite égaux à 0,2 et 0,6.

Sur la figure 43 apparaît l'évolution du rendement d'élimination des phosphates en fonction du temps d'agitation. Nous pouvons constater que les rendements d'élimination des phosphates varient avec le temps de contact. Pour toutes les bentonites testées et pendant les 27 heures d'agitation, l'équilibre n'a pas été atteint. Il faut noter que l'activation chimique améliore les rendements d'élimination des phosphates et que les bentonites activées à un rapport 0,2 sont plus efficaces que celles activées à un rapport 0,6 ainsi que les bentonites brutes. Comme le montrent les résultats du tableau 58, l'évolution de ces rendements varie

dans le sens suivant : Maghnia (0,2) > Mostaghanem (0,2) > Maghnia (0,6) >Maghnia (Brute)> Mostaghanem (0,6) > Mostaghanem (Brute).

Nous pouvons constater également que le pH final des suspensions est plus acide dans le cas des bentonites activées chimiquement.

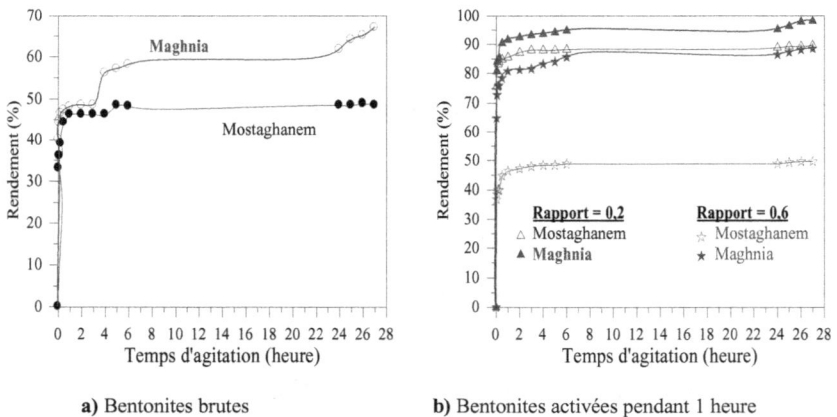

a) Bentonites brutes   b) Bentonites activées pendant 1 heure

Figure 43: Cinétique d'élimination des phosphates par adsorption sur bentonites brutes et activées

Tableau 58: Résultats optima de l'élimination des phosphates par adsorption sur bentonites brutes et activées
(après 27 heures d'agitation)

	Type de bentonite	PO_4^{3-} résiduel (mg/l)	Rendement (%)	pH
Maghnia	Brute	1,65	67	6,02
	H_2SO_4/ bentonite = 0,2	0,09	98,2	2,58
	H_2SO_4/ bentonite = 0,6	0,58	88,4	2,60
Mostaghanem	Brute	2,58	48,4	7,46
	H_2SO_4/ bentonite = 0,2	0,52	89,6	3,05
	H_2SO_4/ bentonite = 0,6	2,52	49,6	3,56

Dans le cas des bentonites brutes, l'augmentation du rendement d'élimination des phosphates avec le temps d'agitation peut être reliée à l'adsorption des anions phosphates sur la bentonite, bien que celle-ci une fois introduite dans l'eau possède une charge négative (Mohallebi, 1983). D'après Won Wook (1979), un anion peut être adsorbé sur une surface neutre ou négative. Ceci peut être expliqué par l'affinité des anions pour les ions métalliques à la surface de l'adsorbant tel que Ca^{2+}, Mg^{2+}...

Comme nous l'avons cité lors de l'étude de l'adsorption des ions F⁻ sur bentonite (Cf. Chapitre III, Partie I), Cousin (1980) affirme que la seule possibilité d'échange d'anions en utilisant les argiles serait le remplacement dans la structure de l'argile des ions hydroxyles par d'autres anions.

Les bentonites activées ont permis d'obtenir de meilleurs rendements que ceux obtenus dans le cas des bentonites brutes, du fait que l'activation chimique a amélioré les propriétés sorptionnelles de la bentonite (Gonzalez Pradas et al., 1994; Koussa, 2003). Selon Gonzalez Pradas et al. (1994), le traitement acide de la bentonite neutralise une partie de la charge négative de la surface de l'argile et devient chargée positivement. Ceci rend plus facile la réaction avec les ions chargés négativement.

Il faut noter également que le pH joue un rôle important dans le mécanisme de rétention ou de libération des phosphates (Ioannou et al., 1994; Benzizoune et al.,

2004). En effet, la mise en place des liaisons P-Fe, P-Ca, P-Al dépend du pH. Une augmentation du pH diminue la capacité de fixation de Fe^{3+} ou Al^{3+} de l'argile à cause de la compétition des ions OH^- et de PO_4^{3-} sur les complexes (Benzizoune et al., 2004) .

Par ailleurs, les différences observées entre les rendements obtenus par les deux bentonites résulteraient essentiellement de la nature du cation majoritaire et de sa taille.

III-5 Conclusion

Au cours de cette étape de l'étude, l'importance de plusieurs paramètres expérimentaux a été mise en évidence lors des essais d'adsorption du cadmium ou des phosphates sur la bentonite :

• L'étude des cinétiques d'adsorption du cadmium a montré que la réaction de fixation sur l'argile non traitée était très rapide en eau distillée et qu'elle s'améliorait avec l'accroissement des doses de bentonite introduite. Toutefois, un phénomène de désorption a pu être observé quelle que soit la dose d'adsorbant utilisée et aussi bien pour la bentonite de Maghnia que celle de Mostaghanem. Aux doses testées au cours de cette étude, les rendements d'élimination du cadmium ont paru s'améliorer jusqu'à une teneur initiale de 10 mg/l en cadmium. La bentonite de Mostaghanem s'est avérée plus efficace que la bentonite de Maghnia vis-à-vis de la rétention du cadmium et cela, indépendamment de la variation des paramètres réactionnels (temps, dose d'adsorbant, teneur initiale en cadmium, pH et minéralisation).

Les mécanismes de fixation du cadmium pourraient fortement dépendre du pH de la solution. La variation de ce paramètre pourrait conditionner d'une part la forme prédominante du cadmium (libre ou complexé) et d'autre part le mode de fixation du métal sur l'argile (adsorption sous forme de cations échangeables sur les sites négatifs de l'argile ou complexation avec les hydroxyles en surface). On a noté également une baisse de la fixation du cadmium lorsqu'il était en présence de quantités croissantes d'ions Ca^{2+}, Mg^{2+} et PO_4^{3-}, selon l'affinité des bentonites considérées pour les ions testés.

La minéralisation du milieu aqueux semble améliorer la fixation du cadmium mais peut conduire à des résultats différents selon la composante minérale (TH, PO_4^{3-} ,…) de l'eau et selon le type d'argile.

• Les essais préliminaires d'élimination des phosphates en eau distillée, et par adsorption sur bentonite, ont montré que les rendements d'élimination des phosphates s'améliorent avec l'augmentation du temps de contact avec la bentonite. Le temps d'équilibre est assez long et il n'est pas atteint pendant la durée de nos essais d'adsorption (27 heures).

L'utilisation de la bentonite de Maghnia s'est avérée plus efficace que la bentonite de Mostaghanem et l'activation chimique a amélioré la capacité sorptionnelle de la bentonite vis-à-vis des phosphates. Ainsi, l'utilisation des bentonites activées à un rapport H_2SO_4 / bentonite égal à 0,2 et à un temps d'activation d'une heure aboutit à de meilleurs résultats.

Le phénomène prédominant pour l'élimination des phosphates par adsorption sur bentonite serait l'affinité des phosphates pour les ions métalliques à la surface de l'argile et l'échange d'ions.

Références bibliographiques

Références bibliographiques

- ABDELOUAHAB C., AIT AMAR H., OBERTENOV T.Z., GAID, A (1987). Fixation sur des argiles bentonitiques d'ions métalliques présents dans les eaux résiduaires industrielles cas du Cd(II) et du Zn(II), Rev. Sci. Eau.,13, 2, 33-40.

- ABOLLINO O., ACETO M., MALANDRINO M., SARZANINI C., MENTASTI E. (2003). Adsorption of heavy metals on Na-montmorillonite. Effect of pH and organic substances. Wat.Res., 37, 1619-1627.

- ACHOUR S., YOUCEF L, (2004). Elimination du cadmium des eaux par adsorption sur des bentonites sodiques et calcique. 1er Congrès International MALISOR " Gestion des déchets liquides et solides", 26- 27 Avril, Mohammedia, Maroc.

- AHAMAD M. H. S, DIXIT S.G.(1992). Removal of phosphate from waters by precipitation and high gradient magnetic separation, Wat. Res., 26, 6, 845-852.

- AHNSTON Z.A.S., PARKER D.R. (2001). Cadmium reactivity in metal contamined soils using a coupled stable isotope dilution sequential extraction procedure, Env. Sci. Technol., 35, 1, 121-126.

- ALI-MOKHNACHE S., MESSADI D.(1992). Etude et application de quelques électrodes ioniques spécifiques au contrôle de la pollution des eaux, Office des publications universitaires, Alger.

- ALLOWAY B. J. (1995). Heavy metals in soils. Edition Blackie academic &professional. London.

- ALTIN O., OZBELGE H. O., DOGU T. (1998). Use of general purpose adsorption isotherms for heavy metal-clay mineral interactions.Journal of colloid and interface science 198, 130-140.

- ALTIN O., OZBELGE O. H., DOGU T. (1999a). Effect of pH, flow rate and concentration on the sorption of Pb and Cd on montmorillonite: I. Experimental. Journal of chemical technology and biotechnology, 74, 1131-1138.

- ALTIN O., OZBELGE O.H., DOGU T. (1999b). Effect of pH, flow rate and concentration on the sorption of Pb and Cd on montmorillonite: II. Modelling. Journal of chemical technology and biotechnology, 74, 1139-1144.

- BASTA N. T., TABATABAI M. A. (1992). Effect of cropping sytems on adsorption of metals by soils, Soil Sci., 153, 2, 108 – 114.

- BEAUDRY J.P. (1984). Traitement des eaux, Ed. Le griffon d'argile, Québec.

- BENADDA L., ERRIH M., CHIBOUB F. A. (2003). Les sources de la pollution urbaine de la ville de Maghnia. Les incidences et les solutions à envisager, colloque international Oasis, Eau et Population, 22, 23 et 24 Septembre, Biskra, Algérie.

- BENAISSA H., ELOUCHDI M.A. (2002). Biosorption du cadmium en solution aqueuse par une boue de station d'épuration. WATMED, Colloque international sur l'eau dans le bassin méditerranéen : Ressources et développement Durable, 10-13 Octobre, Monastir, Tunisie.

- BENBRAHIM S., TAHA S., CABON J., DORANGE G. (1998). Elimination de cations métalliques divalents : Complexation par l'alginate de sodium et ultrafiltration, Rev. Sci. Eau, 11,4, 497-516.

- BENDJAMA Z. (1982). Sorption du mercure par des bentonites algériennes activées, Thèse de Magister en chimie industrielle, Université des Sciences et de la technologie d'Alger, Algérie

- BENGUELLA B., BENAISSA H. (2000). Récupération des métaux lourds en solution aqueuses par un matériau biosorbant : la chitine. Ann. Fals. Exp. Chim, 93, 953, 409-426.

- BENGUELLA B., BENAISSA H. (2002). Cadmium removal from aqueous solutions by chitin: Kinitic and equilibrium studies. Water Research, l36, 2463-2474.

- BENGUELLA B., BENAISSA H. (2002).Effects of competing cations on cadmium biosorption by chitin, Colloids and Surfaces, A: Physicochimical and Engeneering Aspects, 201, 143-150.

- BENMOUSSA H., TYAGI R.D., CAMPBELL P.G.C. (1994). Biolixiviation des métaux lourds et stabilization des boues municipals, Rev. Sci. Eau, 7, 3, 235-252.

- BENNAMA T., DABAH E., DERRICHE Z (2004). Caractérisation physico-chimique et bactériologique des lixiviats de la décharge publique d'El Kerma, Colloque international Terre et Eau, 4- 6 Décembre, Annaba, Algérie.

- BENZIZOUNE S., NASSALI H., SRHIRI A. (2004). Etude de la cinétique d'adsorption du phosphore en solution sur les sédiments du lac Fouarat du Maroc, LARHYSS Journal, 3, 171 – 184, Biskra, Algérie.

- BHARGAVA D.S., SHELDARKAR S.B. (1993). Use of TNSAC in phosphate adsorption studies and relationships. Literature, experimental methodology, justification and effects of process variables, Wat. Res, 27, 2, 303-312.

- BLIEFERT C., PERRAND R.(2001). Chimie de l'environnement. Air, Eau, Sols, Déchets, Ed. De Boeck. S.a, Paris.

- BOLTON K.A, EVANS L.J. (1996). Cadmium adsorption capacity of selected Ontario soils, Cadmium journal of soil Science, 76, 183-189.

- BOULMOUKH A., BERREDJEM F., GUERFI K., GHEID A. (2003). Etude de l'adsorption du phosphate par un sol sableux de la region El-Oued-Souf (Algérie), Colloque international, Oasis, Eau et population, 22-24 Septembre, Biskra, Algérie.

- CAUCHI A., DELHUVENNE P., BOUSSELY J. F., ELMERICH P.(1996). Optimisation de la déphosphatation mixte. Station d'épuration de Blois, Rev.T.S.M. L'eau, 5, 335-339.

- CEMAGREF. (2004). Traitement du phosphore dans les petites stations d'épuration à boues activées, Document technique FNDAE, n°29, France.

- CHAMI T., KHALAF H., BOUAMAMA A. (1998). Le cadmium dans les phosphates et son adsorption par les plantes, COMAGEP 3, Tome II (matériaux), 30-33, Tamanrasset, 10-13 Mai, Algérie.

- CLAVERI B. (1995). Les bryophytes aquatiques comme traceurs de la contamination métallique des eaux continentales. Influences de différents paramètres sur l'accumulation des métaux et développement d'un module d'integration de la micropollution (MIM). Thèse , Centre de Recherches Ecologiques, Université de Metz, Metz, France.

- CNRC: conseil national de recherches du Canada. (1979). Les effets du cadmium dans l'environnement canadien, n°16744, Ottawa, Ont.

- CORAPCIOGLU M.O., HAUNG C.P (1987). The adsorption heavy metals onto hydrous activated carbon, Wat. Res., 21, 9, 1031-1044.

- COUSIN S. (1980). Contribution à l'amélioration de la qualité des eaux destinées à l'alimentation humaine par utilisation d'argiles au cours des traitements de floculation décantation, Thèse de Doctorat 3 [ème] cycle, Université Paris V, France.

- DEGREMONT. (1989). Mémento technique de l'eau, Ed. Degrémont, Paris.

- DUCHAUFOUR P. (1995). Pédologie, sol, végétation, environnement. 4 ème édition, Masson, Paris.

- DZIUBEK A. M., KOWAL A.L., (1984). Effect of magnesium hydroxyde on chemical treatment of secondary effluent under alkaline conditions. Proceedings of Water Reuse Symposium III, American Waterworks Association Research Foundation, 2nd ed. San Diego.

- ENNASSEF K., PERSIN M., DURAND G. (1989). Etude par ultrafiltration de la complexation des cations argent (I) et de cuivre (II) par des macroligands oligomères d'acide polyacrylique et mise au point de leur séparation , Analusis, 17, 10, 565-575.

- GABALDON C, MARZAL P, FERRER J, SECO A (1996). Single and competitive adsorption of Cd and Zn onto a granular activated carbon, Wat. Res., 30, 12, 3050-3060.

- GADRAS C. D. (2000). Influence des conditions physico-chimiques sur la mobilité du plomb et du zinc dans un sol et un sediment en domaine routier. Thèse Docteur en chimie et microbiologie de l'eau. Université de Pau et des Pays de l'Adour. U.F.R. Sciences. France.

- GAGNON C., VAILLANCOURT G., PAZDERNIK L. (1999). L'accumulation de cadmium par deux mousses aquatiques, Fontinalis dalecarlica et platyhpnidium riparioides / influence de la concentration de Cd, du temps d'exposition, de la dureté de l'eau et de l'espèce de mousses, Rev.Sci. Eau, 12, 1, 219-237.

- GIRARD L M., LE DOEUF B. (1982). Optimisation et gestion de l'eau dans les ateliers de traitement de surface, Journées Information Eaux, Tome 2, Poitiers, France.

- GLS. (2003). L'élimination du phosphore présent dans les eaux résiduaires urbaines, Memotec n°23.

- GONZALEZ PRADAS E., VILLAFRANCA SANCHEZ M., CANTON CRUZ F., SOCIAS VICIANA M., FERNANDEZ PERZ M. (1994). Adsorption of cadmium and zinc from aqueous solution on natural and activated bentonite, Journal chemical technology and biotechnology, 59, 289-295.

- GRIM R. E. (1968). Clay mineralogy, 2nd ed., Mac Graw Hill, New York.

- HOSKIN W M A. (1991). "Cadmium", Annuaire des minéraux du Canada 1990, Energie, Mines et ressources Canada, 171-177, Ottawa (Ont.)

- ICHCHO S., AZZOU A., HANNACHE H., EZZINE M., KHOUYA E., NEDJMEDDINE A. (2002). Préparation et application de nouveaux adsorbants à partir de schistes bitumineux marocains de Timahdit dans le traitement des eaux. WATMED, Colloque international sur l'eau dans le bassin méditerranéen : Ressources et développement Durable, 10-13 Octobre, Monastir, Tunisie.

- IOANNOU A., DIMIRKOU A, DOULA M. (1994). Phosphate sorption by calcium bentonite as described by comonly used isotherms, commun. Soil. Sci. Plant. Anal, 25, 13, 2299-2312.

- KEHAL M., MENNOUR A., REINERT L., FUZELLIER H. (2004). Heavy metals in water of the Skikda Bay, Environmental Technology, 25, 9, 1059-1065.

- KELLIL A., BENSAFIA D. (2003). Elimination des phosphates par filtration directe sur lit de sable, Rev, Sci, Eau, 16, 3, 317-332.

- KEMMER F.N. (1984). Manuel de l'eau, Edition Technique et documentation, Lavoisier, Paris.

- KOUSSA M. (2003). Effet de l'activation de la bentonite sur l'adsorption de substances humiques en milieux de minéralisation variable, Mémoire de Magister en hydraulique, Université de Biskra, Algérie.

- KOZLOWSKI R., KOSLOWSKA J., GRABOWSKA L., MANKOWSKI J., SZPAKOWSKA B. (2000). Métaux lourds dans l'environnement, menace et possibilités de riposte. Institut des fibres naturelles, Poznan, Pologne.

- LAGROURI K., EZZINE M., HANNACHE H., NEJMEDDINE A., IJEBRATI E. (2002). Epuration d'un rejet textile par adsorption sur un charbon actif élaboré à partir de la mélasse. WATMED, Colloque international sur l'eau dans le bassin méditerranéen : Ressources et développement Durable, 10-13 Octobre, Monastir, Tunisie.

- LCPE: Loi canadienne sur la protection de l'environnement.(1994). Le cadmium et ses composés, Rapport d'évaluation, Ottawa, Canada.

- MAHAN B.H. (1977). Chimie, 2ème Ed. Inter Editions, Paris.

- MASSCHELEIN W. J. (1996). Processus unitaires du traitement de l'eau potable, Edition Cebedoc, Liège, Belgique.

- MAZLANI S., MAAROUF A., RADA A., EL MERAY M., PIHAN J.C. (1994). Etude de la contamination par les métaux lourds du champ d'épandage des eaux usées de la ville de Marrakech (Maroc), Rev. Sci. Eau, 7, 1, 55-68.

- MEEHAN J., SIMON H., ADMASSU W., CRAWFORD R. (1995). Study on apatite usage in remediation of Rocky flats metal contaminated pond sludge, University of Idaho, Moscow, October. ID.

- MENANI M. R., ZOUITA N. (2004). Etude de la pollution de la plaine alluviale d'El Madher par les rejets de la ville de Batna (Nord- Est Algérie), Colloque International Terre et Eau, 4- 6 Décembre, Annaba, Algérie.

- MIDDELBURG J. J., COMANS R.N.J. (1991) . Sorption of cadmium on hydroxyapatite, Chemical Geology, 1 90, 45-53.

- MIQUEL G. (2001). Les effets des métaux lourds sur l'environnement et la santé. Office parlementaire d'évaluation des choix scientifiques et technologiques, n° 261, Paris.

- MOHALLEBI F. (1983). Contribution à l'étude de la bentonite de Mostaghanem et échange des cations Ca^{2+} et Mg^{2+}, Thèse de Magister, E.N.P, Alger.

- MONTIEL A. (1974). Etude de l'élimination de certains oligo-éléments au cours du processus de coagulation floculation décantation et d'affinage par le charbon actif. T.S.M. l'eau, 6, 326-331.

- MOUTIN T., GAL J. Y., EL HALOUANI H., PICOT B., BONTOUX J. (1992). Decrease of phosphate concentration in a high rate pond by precipitation of calcium phosphate : Theorical and experimental results, Wat.Res, 26, 11, 1445-1450.

- NEKRASSOV B. (1969). Chimie minérale, Ed MIR, Moscou.

- O.I.E : Office international de l'eau. (2000). Procédé et techniques de dépollution du cadmium dans l'industrie. Synthèse bibliographique. Service national d'information et de documentation sur l'eau. Limoges, France.

- O.M.S. (2004). Guidelines for drinking-water quality, third edition, Volume 1– Recommendation, Geneva.

- OUANOUGHI S., YOUCEF L., ACHOUR S. (2004). L'élimination de cadmium par précipitation chimique à la chaux et au sulfate d'aluminium et l'effet de la minéralisation totale. Colloque international Terre et Eau, 4 - 6 Décembre, Annaba, Algérie.

- POTELON J. L., ZYSMAN K. (1998). Le guide des analyses de l'eau potable, Ed. La Lettre du Cadre Territorial, Voiron, France.

- RAJEC P., MATEL L., ORECHOVSDA J., SUCHA J., NOVAK I. (1996). Sorption of radionuclides on inorganic sorbents. J. Radioanal. Nucl. Chem, Articles , 2008, 2, 477-486.

- RAPHAEÏL A. M. (2001). En 1988, il devait être interdit. Cadmium...Toujours là. Rev. Science et Avenir, 655, 32-34.

- PARVEAUD M. (1993). Le traitement des lixiviats par osmose inverse, l'Eau l'Industrie les Nuisances, 162, 48-50.

- REED B. E., MATSUMOTO M. R (1991).Modeling surface activity of two powdred activated carbons: comparaison of diprotic and monoprotic surface representations, Caron, 29,8, 1191-1201.

- REED B. E, MATSUMOTO M. R, ASSOCIATE MEMBER, ASCE (1993) Modeling Cd adsorption in single and binary adsorbent (PAC) systems, Journal of environmental engineering, 119, 2, 332-348.

- RENAUD C., LE CLOIREC P., BLANCHARD G., MARTIN G. (1980). Possibilité d'élimination de cations toxiques dans les eaux au moyen de clinoptilolite, TSM L'Eau, 75,6, 259-264.

- REZEG A. (2004). Elimination d'acides organiques hydroxylés par coagulation floculation au sulfate d'aluminium. Mémoire de Magister en sciences hydrauliques, Université de Biskra, Algérie.

- ROBERT M. (1996). Le sol – Interface dans l'environnement. Ressource pour le développement, Ed. Masson, Paris.

- RODIER J. (1996). L'analyse de l'eau : eaux naturelles, eaux résiduaires, eau de mer, 8^{éme} édition, Ed . Dunod, Paris.

- ROQUES H. (1990). Fondements théoriques du traitement chimique des eaux, Vol I, Ed Technique et documentation- Lavoisier, France.

- SECKLER M. M., BRUINSMA O. S. L., VAN ROSMALEN G. M. (1996). Calcium phosphate precipitation in a fluidized bed in relation to process conditions : A black box approach, Wat. Res, 30, 7, 1677-1685.

- SEMERJIAN L., AYOUB G.M., EL-FADEL M. (2002). High pH-magnesium coagulation-flocculation in wastewater treatment, Advances in Environmental Research.

- SERPAUD B., AL- SHUKTY R., CASTEIGNEAU M. (1994). Adsorption des métaux lourds par les sediments superficiels d'un cours d'eau, Rev. Sci. Eau, 7, 4, 343 – 365.

- SOLTAN N.E., RASHED M.N., (2002). Groundwater chemistry at the sides of lake Nasser (Egypte), Proceedings of International Workshop, Watmed, Monastir, 10-13, October, Tunisia.

- SPOSITO G. (1989). The chemistry of soils. Edition Oxford University Press.

- SRIVASTAVA P., SINGH B., ANGOVE M .J. (2004). Competitive adsorption of cadmium (II) onto kaolinite as affected by pH, Super Soil, 3 [rd] Australian New Zealand Soils Conference, University of Sydney, Australia.

- STEGER H. F. (1973). On the mechanism of the adsorption of trace copper by bentonite, Clays and Clays minerals, 21, 429-436.

- TCHOBANOGLOUS G., BURTON F. L., STENSEL H., D. (2003). Wastewater Engeneering. Treatment and reuse. Fourth Edition, Ed. McGraw-Hill. New York.

- TESSIER A., CAMPBELL P. G. C., CARIGNAN R. (1990). Influence du pH sur la spéciation et la biodisponibilité des métaux, T. S. M. L'Eau, 2, 69-73.

- TILAKI D., ALI R. (2003). Study on removal of cadmium from water environment by adsorption on GAC, BAC and biofilter, Diffuse pollution conference, Dublin.

- ULMANU M., MARANON E., FERNANDEZ Y., CASTRILLON L., ANGER H., DUMITRIU D. (2003). Removal of copper and cadmium ions from diluted aqueous solutions by low cost and waste material adsorbents, Water, Air, and Soil Pollution, 142, 357-373.

- U.S.D.I: U.S. Department of the interior (2001). Mercury and cadmium, Fact sheet, bureau of reclamation, technical service center, Denver, U.S.A.

- U.S.E.P.A: Environmental Protection Agency (1977). Manual of treatment techniques for meeting the interim primary drinking water regulations. Municipal Environmental Research Laboratory, Water Supply Research Division, Office of research and Development, Cincinnati, OH.

- XU Y., SCHWARTZ F.W., TRAINA, S.J. (1994). Sorption of Zn^{2+} and Cd^{2+} on hydroxyapatite surfaces, Envireon, Sci, Technol, 28, 1472-1480.

- YONG R. N., MOHAMED A. M. O., WARKENTIN B P. (1992). Principles of contaminant transport in soils. Ed. Elsevier.

- YOUCEF L. ACHOUR S. (2005). Elimination des phosphates par des procédés physico-chimiques. LARHYSS Journal, 4, 129-140, Biskra, Algérie

- ZAMZOW M. J., EICHBAUM B.R., SANDGREN K.R., SHANKS D.E. (1990). Removal of heavy metals and other cations from waste water using zeolites. Sep. Sci and Technol, 25,13-15, 1555-1569.

- ZAOURAR K., CHEGROUCHE S. (1998). Méthodes d'analyses des métaux lourds contenus dans un résidu industriel, COMAGEP 3, Tome II (matériaux), 10- 13 Mai, Tamanrasset (Algérie) .

Conclusion générale

Conclusion générale

L'objectif de notre étude a été d'étudier les possibilités d'élimination de polluants minéraux des eaux pouvant présenter une toxicité potentielle pour la santé du consommateur tels que le fluor, le cadmium et les phosphates. Les procédés de traitement testés pour l'élimination de chaque élément ont été la précipitation chimique à la chaux, la coagulation floculation au sulfate d'aluminium ainsi que l'adsorption sur la bentonite.

Au cours de la première partie, nous avons réalisé dans un premier temps une synthèse bibliographique sur le fluor concernant sa présence dans l'environnement ainsi que les procédés susceptibles de réduire sa teneur dans les eaux naturelles. Avant de réaliser les essais de défluoruration, nous avons effectué des analyses ponctuelles dans la région de Biskra, donnant une idée éloquente de la présence du fluor associée à une forte minéralisation calcique et magnésienne dans les eaux de forages les plus exploités. Des échantillons de quelques points d'eau ont servi à la réalisation de nos essais de défluoruration

Les premiers essais sur des solutions synthétiques d'eau de Drauh dopées par des teneurs variables en fluorure de sodium ont permis de montrer l'efficacité de la précipitation chimique à la chaux et de la coagulation floculation au sulfate d'aluminium pour l'élimination du fluor à des rendements appréciables mais au prix de doses élevées en réactifs, voisines de 320 à 520   mg/l selon le réactif utilisé et selon la teneur initiale en fluor (3,56 à 6,56 mg/l). Les résultats se sont avérés nettement plus intéressants lorsque les teneurs en fluor ne dépassent pas 5 à 6 mg/l. Ce qui est bien heureusement le cas de la plupart des eaux naturelles destinées à l'AEP dans la région d'étude. Dans le cas de la précipitation chimique à la chaux, les rendements de défluoruration s'améliorent en fonction de teneurs croissantes en magnésium. Le mécanisme prédominant pour la réduction des ions fluor serait l'adsorption sur les sites de $Mg(OH)_2$ formé. Dans le cas du traitement par le sulfate d'aluminium, le phénomène prédominant est l'adsorption des fluorures sur l'hydroxyde d'aluminium $Al(OH)_3$ formé lors de l'hydrolyse du coagulant. Ces deux traitements entraînent également une baisse de la dureté et de l'alcalinité (TAC), d'une façon plus marquée dans le cas de la précipitation chimique à la chaux, et une variation du pH, ce qui nécessite une correction avant distribution.

La seconde étape a consisté à étendre les essais de défluoruration à des eaux naturellement fluorées en définissant les quantités d'agents défluorants à mettre en œuvre en fonction des caractéristiques de l'eau brute. En appliquant chacun des deux traitements, nous avons grâce au contrôle de la qualité finale de chaque eau (fluor résiduel, dureté, TAC, pH,…), pu constater également que la défluoruration au sulfate d'aluminium de trois eaux sur les quatre testées aboutissait à de meilleurs résultats que par précipitation chimique à la chaux. Ceci est à rapprocher des différences de la qualité physico-chimique de l'eau brute. Toutefois, le traitement au sulfate d'aluminium peut mener à une détérioration de la qualité de l'eau après traitement. Ainsi, il se produit une augmentation du taux des sulfates et un risque de présence des ions Al^{3+} à des teneurs supérieures à 0,2 mg/l.

Concernant l'aspect économique, s'il n'est pas encore possible au stade de notre étude de comparer avec précision le coût des installations, il est néanmoins prévisible que le prix du sulfate d'aluminium sera nettement plus élevé que celui de la chaux, largement disponible en Algérie.

Nos essais ont porté également sur la rétention du fluor par adsorption sur deux types de bentonites algériennes, sodique de Maghnia et calcique de Mostaghanem.

La première étape réalisée en solutions synthétiques d'eau distillée a permis de constater que les rendements de rétention du fluor par bentonite brute ou activée chimiquement s'améliorent avec l'augmentation de la dose de l'argile (2 à 10 g/l). Ce phénomène d'adsorption est irréversible et atteint son équilibre après 3 heures d'agitation. L'étape déterminante dans le processus d'adsorption du fluor sur les bentonites brutes serait l'échange d'ions F^- avec les ions OH^- contenus dans la structure de l'argile et une combinaison des F^- avec le calcium échangeable et précipitation de CaF_2. Le pH du milieu aqueux joue un rôle primordial dans le processus d'adsorption des ions F^- sur la bentonite brute, les meilleurs rendements sont obtenus à pH 4. Ce qui a pu justifier notre intérêt pour une activation chimique des bentonites par un acide fort (acide sulfurique). L'étude de l'optimisation des conditions de cette activation nous a permis d'aboutir au fait que les meilleurs rendements sont obtenus pour un rapport massique H_2SO_4 / bentonite égal à 0,2 et pour un temps d'activation de 1 heure pour la bentonite de Maghnia. L'exploitation des résultats par les isothermes de Freundlich et de Langmuir a abouti à des résultats très satisfaisants et a permis de quantifier les capacités maximales d'adsorption pour différentes conditions d'activation. Dans ce cas de traitement, l'élimination du fluor est assurée aussi bien par la formation de complexes alumino-fluorés et l'attraction des ions F^- à la surface de l'argile qui devient chargée positivement après traitement acide. Pour des teneurs initiales en fluor variant entre 2 et 10 mg/l, il s'est avéré que le procédé était peu intéressant pour les eaux fortement chargées en fluor (dépassant 5 à 6 mg F^- / l). La défluoruration des eaux par adsorption sur bentonite activée a été particulièrement adaptée à la qualité des eaux souterraines de la région de Biskra (eaux de forages de Chaiba, de Sidi Khelil et de Jardin London) qui présentent des teneurs en calcium et en magnésium importantes pouvant favoriser la fixation du fluor sur les deux argiles testées. La minéralisation du milieu aqueux semble améliorer la fixation du fluor mais peut conduire à des résultats différents selon la composante minérale de l'eau (TH, Cl^-, SO_4^{2-},...) et selon le type de l'argile. Afin de justifier les constatations réalisées, ces essais devront être complétés en considérant un nombre d'échantillons plus important concernant des eaux naturellement fluorées et des caractéristiques physico-chimiques différentes.

D'une façon générale, les essais réalisés ont pu montrer que la bentonite activée de Maghnia était plus performante que la bentonite de Mostaghanem quelle que soit la variation des paramètres réactionnels testés.

La deuxième partie de cette étude a été abordée par une revue sur les propriétés du cadmium ainsi que des phosphates, leurs effets sur la santé de l'homme et sur l'environnement et les procédés de dépollution vis-à-vis de chacun de ces deux éléments.

Concernant les essais de précipitation sur solutions synthétiques d'eau distillée dopées en $CdCl_2$, il s'est avéré que l'abattement du cadmium par précipitation chimique à la chaux semble très efficace et aboutit à des teneurs résiduelles en cadmium conformes aux normes. Le phénomène prédominant lors de l'élimination du cadmium par ce traitement est la précipitation du $Cd(OH)_2$ sous l'effet de l'élévation du pH par ajout de $Ca(OH)_2$. La teneur initiale en cadmium influe sur le procédé et augmente la dose optimale de chaux. Contrairement à la précipitation chimique à la chaux, la coagulation floculation au sulfate d'aluminium présente des résultats peu importants, ce qui nécessitera l'optimisation du procédé en prenant en considération les différents paramètres réactionnels qui peuvent avoir un effet sur la réduction du cadmium tel que le pH de traitement et l'utilisation d'adjuvants. L'élimination du cadmium par utilisation du sulfate d'aluminium est associée à l'adsorption sur les hydroxydes d'aluminium formés tels que $Al(OH)_3$. La matrice minérale semble avoir une influence sur l'élimination du cadmium par les deux procédés et les doses des réactifs (chaux, sulfate d'aluminium) sont étroitement liées à la minéralisation totale des eaux traitées.

L'amélioration des rendements d'élimination des phosphates apportés par le biais de la chaux en solutions synthétiques d'eau distillée semble importante et s'accroît en fonction de la dose de chaux jusqu'à obtention complète d'un précipité peu soluble qui est l'hydroxyapatite, à un pH supérieur à 10. L'efficacité de la coagulation floculation au sulfate d'aluminium est fortement liée au pH de traitement. Le procédé présente un intérêt pratique si le pH de traitement est aux alentours de 6. A ce pH, la réaction prédominante de l'élimination des phosphates serait la formation du précipité $AlPO_4$ qui est éliminé par adsorption sur l'hydroxyde d'aluminium formé.

L'étude expérimentale de la deuxième partie a consisté en la réalisation d'essais d'élimination du cadmium et des phosphates au moyen de la bentonite de Mostaghanem ainsi que celle de Maghnia. En eau distillée, l'étude des cinétiques d'élimination du cadmium a montré que le phénomène d'adsorption sur les argiles était réversible mais la réaction est néanmoins très rapide. Cette réaction mène également à une amélioration des rendements d'élimination du cadmium au fur et à

199

mesure de l'augmentation des doses de bentonite. La rétention du cadmium sur la bentonite semble s'effectuer selon plusieurs mécanismes compétitifs. Le cadmium peut ainsi se comporter comme un cation échangeable, se complexer à des groupements fonctionnels à la surface de l'argile et subir une précipitation sous forme d'hydroxydes par élévation du pH. En solutions synthétiques d'eaux minéralisées, la fixation du cadmium semble améliorée mais à des résultats différents selon la composante minérale de l'eau et selon le type d'argile. D'une façon générale, les essais réalisés ont pu montrer que la bentonite de Mostaghanem était plus performante que la bentonite de Maghnia quelle que soit la variation des paramètres réactionnels testés.

L'utilisation de la bentonite pour la déphosphatation n'est intéressante que si elle est activée chimiquement. La bentonite de Maghnia activée à un rapport massique H_2SO_4 / bentonite égal à 0,2 a permis d'aboutir à des rendements satisfaisants mais pour des temps de contact assez longs (27 heures). En effet, l'échange d'ions et l'affinité de PO_4^{3-} pour les ions métalliques de surface jouent un rôle prédominant dans la rétention des phosphates par ces argiles.

www.ingramcontent.com/pod-product-compliance
Lightning Source LLC
Chambersburg PA
CBHW021043210326
41598CB00016B/1097